普通高等教育“十三五”规划教材

HUAGONG ZHUANYE ZONGHE SHIYAN

化工专业综合实验

周晨亮　赫文秀　主编
王亚雄　刘全生　主审

·北京·

本书包含十七个实验项目：反渗透膜分离实验；变压吸附实验；二元气液平衡数据的测定；多功能玻璃连续精馏实验；连续流动反应器中返混测定；计算机控制填料塔返混性能实验；液液传质系数的测定；常压微反实验；计算机控制小型乙苯脱氢反应及分离实验；多功能反应实验；一氧化碳中温-低温串联变换反应实验；计算机控制气固相催化反应加压固定床实验；高压釜式反应器实验；煤中铬、镉、铅含量的测定；煤中汞元素含量的测定；煤中硒元素含量的测定；煤中锗含量的测定。

本书可供高等学校化学工程与工艺专业及相近专业作为实验指导书，也可供从事化学工程、化工设备和化工企业的工程技术人员参考。

图书在版编目（CIP）数据

化工专业综合实验/周晨亮，赫文秀主编. —北京：化学工业出版社，2018.3（2024.2重印）

普通高等教育“十三五”规划教材

ISBN 978-7-122-31269-3

Ⅰ. ①化… Ⅱ. ①周…②赫… Ⅲ. ①化学工业-化学实验-高等学校-教材 Ⅳ. ①TQ016

中国版本图书馆 CIP 数据核字（2017）第 328944 号

责任编辑：廉　静　　文字编辑：孙凤英

责任校对：宋　夏　　装帧设计：王晓宇

出版发行：化学工业出版社（北京市东城区青年湖南街 13 号　邮政编码 100011）

印　　装：北京科印技术咨询服务有限公司数码印刷分部

787mm×1092mm　1/16　印张 7½　字数 162 千字　2024 年 2 月北京第 1 版第 2 次印刷

购书咨询：010-64518888　　售后服务：010-64518899

网　　址：http：//www. cip. com. cn

凡购买本书，如有缺损质量问题，本社销售中心负责调换。

定　　价：32.00 元

前言
Foreword

化工专业综合实验是化学工程与工艺专业（以下简称：化工专业）最重要的实验课程，是从基础理论课程教学提升到实践教学的重要环节。鉴于内蒙古自治区能源化工产业密集和现代化工产业的迅猛发展，在对能源化工企业充分调研的基础上，针对教学过程中化工专业实际需要，从培养学生对化工专业课程中各知识要点的融会贯通出发，按照化工专业本科课程教学体系的基本要求编写而成。

本课程与大学基础化学实验相比，在如下方面具有显著的差异：(1) 与专业课程联系紧密；(2) 工程性导向性高；(3) 仪器设备系统性与成套性强；(4) 实验全面丰富；(5) 实验过程自动化程度高；(6) 实验的灵活性及可设计性高。

本教材由内蒙古科技大学化学与化工学院化学工程与工艺系教师编写。参加本教材编写的人员及分工如下：实验一～三：兰大为和丁健；实验四～七：吴刚强；实验八～十：王亚雄、徐喜民和于戈文；实验十一～十三：杨启山和郎中敏；实验十四～十七由韩晓星编写。全书由周晨亮、赫文秀任主编，内蒙古科技大学王亚雄教授和内蒙古工业大学刘全生教授主审。

本书可供高等学校化工专业及相近专业作为实验指导书，也可供从事化学工程、化工设备和化工企业的工程技术人员参考。

本书中所有实验是内蒙古科技大学化学工程与工艺系全体教师和实验室人员多年的共同努力、逐步完善的结晶，同时也参考和吸取了许多兄弟院校的宝贵经验。由于编者水平有限，书中难免有疏漏和不足之处，恳请读者指正，以便今后改进。

编者

2018 年 01 月 19 日

目录

CONTENTS

第一部分
化工基础实验

实验一 反渗透膜分离实验

一、实验背景

反渗透又称逆渗透，一种以压力差为推动力，从溶液中分离出溶剂的膜分离操作。因为它和自然渗透的方向相反，故称反渗透。根据各种物料的不同渗透压，就可以使用大于渗透压的反渗透压力，即反渗透法，达到分离、提取、纯化和浓缩的目的。当把相同体积的稀溶液和浓溶液分别置于一容器的两侧，中间用半透膜阻隔，稀溶液中的溶剂将自然地穿过半透膜，向浓溶液侧流动，浓溶液侧的液面会比稀溶液的液面高出一定高度，形成一个压力差，达到渗透平衡状态，此种压力差即为渗透压。若在浓溶液侧施加一个大于渗透压的压力时，浓溶液中的溶剂会向稀溶液流动，此种溶剂的流动方向与原来渗透的方向相反，这一过程称为反渗透。

1960 年美国加利福尼亚大学的 S. Loeb 和 S. Sourirajan 等人以醋酸纤维素为原料，加入适当添加剂，采用相转移法，制成了不对称膜，该膜厚度为 100～200μm。该膜由致密层和支撑层构成，起分离作用的主要是致密层，致密层厚度只有 0.1～0.2μm。在 100atm（1atm＝101325Pa，下同）下，每平方米的膜在 1h 内透水量能够达到 10L，使得将该膜用于实际海水脱盐成为可能。由于反渗透膜技术具有高效、快速、节能、经济等特点，且全世界范围内对于环保和能源的要求越来越高，使得关于反渗透膜的研究越来越受到世界各国的重视。自 1970 年起，反渗透膜的脱盐能力基本上以每年 25%的速度递增。我国自 20 世纪 70 年代初开始着手反渗透膜相关科学的研究工作，各大科研院所和使用单位协同进行，在基础理论研究、膜和组件的生产制造、实际应用更新等方面，均取得了迅速的进展和值得称赞的成绩。

二、实验目的

1. 熟悉反渗透膜分离的基本原理及基本操作。
2. 了解反渗透的影响因素如温度、压力、流量等对脱盐效果的影响。
3. 学会测定纯水渗透通量和纯水渗透系数；测定纯水渗透通量与操作压力的变化

关系；测定盐（溶质）的脱除率与操作压力的变化关系。

三、实验原理

对透过的物质具有选择性的薄膜称为半透膜，一般将只能透过溶剂而不能透过溶质的薄膜称为理想半透膜。当把相同体积的稀溶液（例如淡水）和浓溶液（例如盐水）分别置于半透膜的两侧时，稀溶液中的溶剂将自然穿过半透膜而自发地向浓溶液一侧流动，这一现象称为渗透。当渗透达到平衡时，浓溶液侧的液面会比稀溶液的液面高出一定高度，即形成一个压差，此压差即为渗透压。渗透压的大小取决于溶液的固有性质，即与浓溶液的种类、浓度和温度有关而与半透膜的性质无关。若在浓溶液一侧施加一个大于渗透压的压力时，溶剂的流动方向将与原来的渗透方向相反，开始从浓溶液向稀溶液一侧流动，这一过程称为反渗透。反渗透是渗透的一种反向迁移运动，是一种在压力驱动下，借助于半透膜的选择截留作用将溶液中的溶质与溶剂分开的分离方法，它已广泛应用于各种液体的提纯与浓缩，其中最普遍的应用实例便是在水处理工艺中，用反渗透技术将原水中的无机离子、细菌、病毒、有机物及胶体等杂质去除，以获得高质量的纯净水。反渗透膜分离技术广泛应用于海水淡化和苦咸水处理等工程中。在解决水源和环境保护方面将有广阔的前景。

反渗透膜原理示意图如图 1-1 所示。

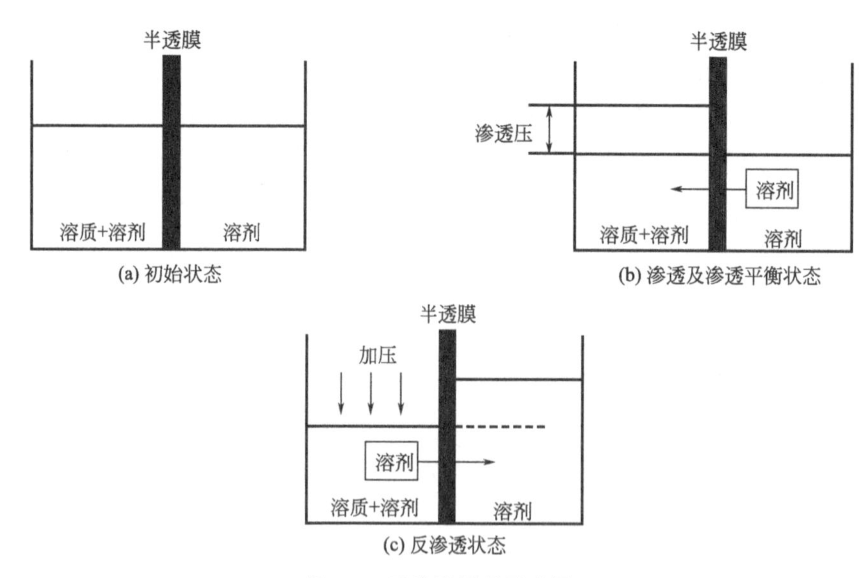

图 1-1　反渗透原理示意图

如图 1-1(a) 所示，用半透膜将溶剂与溶液（溶剂＋溶质）分开，则溶剂将从溶剂一侧通过膜向溶液一侧透过，结果使溶液一侧的液位上升，直到某一高度，此过程即为渗透过程。如图 1-1(b) 所示，当渗透达到动态平衡状态时，半透膜两侧存在一定的液位差或压力差，此为指定温度下溶液的渗透压 N。如图 1-1(c) 所示，当溶液一侧施加的压力 P 大于该溶液的渗透压 N，可迫使渗透反向，实现反渗透过程。此时，在高于渗透压的压力作用下，溶液中溶剂的化学位升高，超过溶剂的化学位，溶剂从溶液一侧反向地通过膜透过到溶剂一侧，这就是反渗透脱盐的基本原理。

通常，膜的性能是指膜的物化稳定性和膜的分离透过性。膜的物化稳定性的主要指标是：膜材料、膜允许使用的最高压力、温度范围、适用的 pH 范围，以及对有机溶剂等化学药品的抵抗性等。膜的分离透过性指在特定的溶液系统和操作条件下，脱盐率、产水流量和流量衰减指数。根据膜分离原理，温度、操作压力、给水水质、给水流量等因素将影响膜的分离性能。

反渗透膜在特定的溶液系统和操作条件下，主要通过溶质分离率、溶剂透过流速以及流量衰减系数三个参数来标明使用性能。

1. 溶质分离率又称截留率，对盐溶液又称脱盐率，其定义式如下：

$$K=\left(1-\frac{C_3}{C_2}\right)\times 100\% \tag{1-1}$$

通常实际测定的是溶质的表观分离率，定义为：

$$R_{\mathrm{E}}=\left(1-\frac{C_3}{C_1}\right)\times 100\% \tag{1-2}$$

式中　C_1——被分离的主体溶液浓度；

C_2——高压侧膜与溶液的界面浓度；

C_3——膜的透过液浓度。

2. 溶剂透过速度，对水溶液体系又称透水率或水通量，并以下式定义：

$$J=\frac{V}{St} \tag{1-3}$$

式中　V——透过液的容积或重量；

S——膜有效面积；

t——运转时间。

单位：在实验室范围 J 通常以 $mL/(cm^2 \cdot h)$ 为单位，工业生产上常以 $L/(m^2 \cdot d)$ 为单位。

3. 膜流量衰减系数，是指膜因压密和浓差极化而引起的膜透过速度随时间衰减程度，衰减系数的定义式为：

$$J_t=J_1 t^m \tag{1-4}$$

式中　J_t、J_1——膜运转 t（h）和 1h 的透过速度；

t——运转时间。

对式(1-4) 两边取对数得以下线性方程：

$$\ln J_t=\ln J_1+m\ln t \tag{1-5}$$

式(1-5) 通过双对数坐标系作直线，可求得直线的斜率 m。

理想的反渗透膜应耐化学和微生物侵蚀，使在运行过程中膜的分离性能和机械性能保持稳定。因此，反渗透净水工艺不是单一的反渗透脱盐过程，还应包括预处理过程，就是通过一些物化手段去除原水中的悬浮物和胶体等杂质，使其满足反渗透膜处理的进水要求，保护反渗透膜的正常使用。同时，经过反渗透膜脱盐，水的脱盐率可超过95%，但透过液中还存在一定浓度的离子，其电导率、TOC（total organic carbon，有机总碳）指标一般还达不到高纯水要求，工业上通常采用混床树脂处理，对水中剩余的阴阳离子进行交换，使水进一步得到净化。最后，采用紫外杀菌，可降低水中的 TOC。

四、实验设备及流程图

实验设备流程图如图 1-2 所示，实验设备实物图如图 1-3 所示。

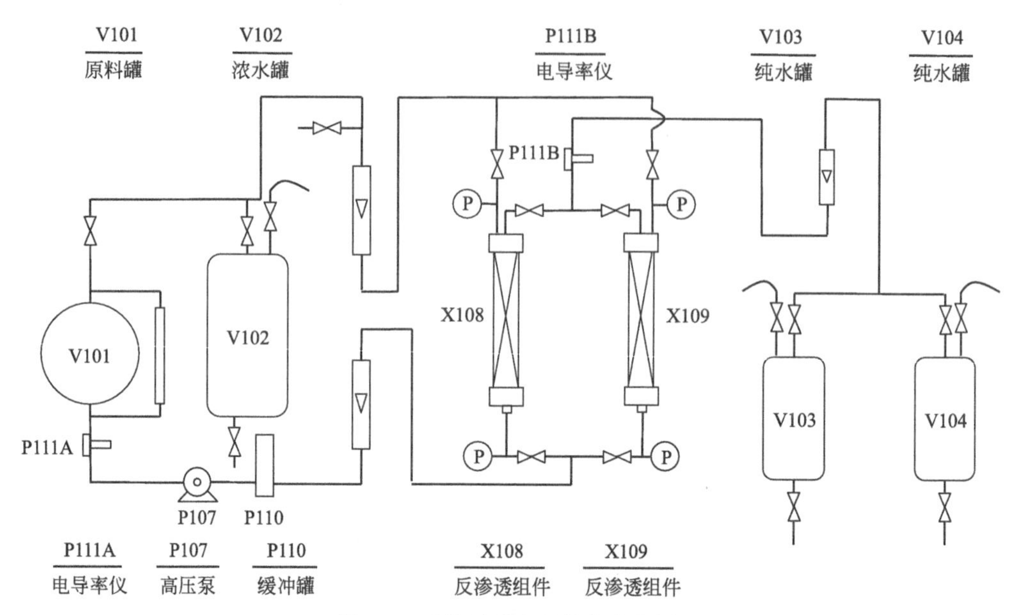

图 1-2 反渗透膜实验设备流程图

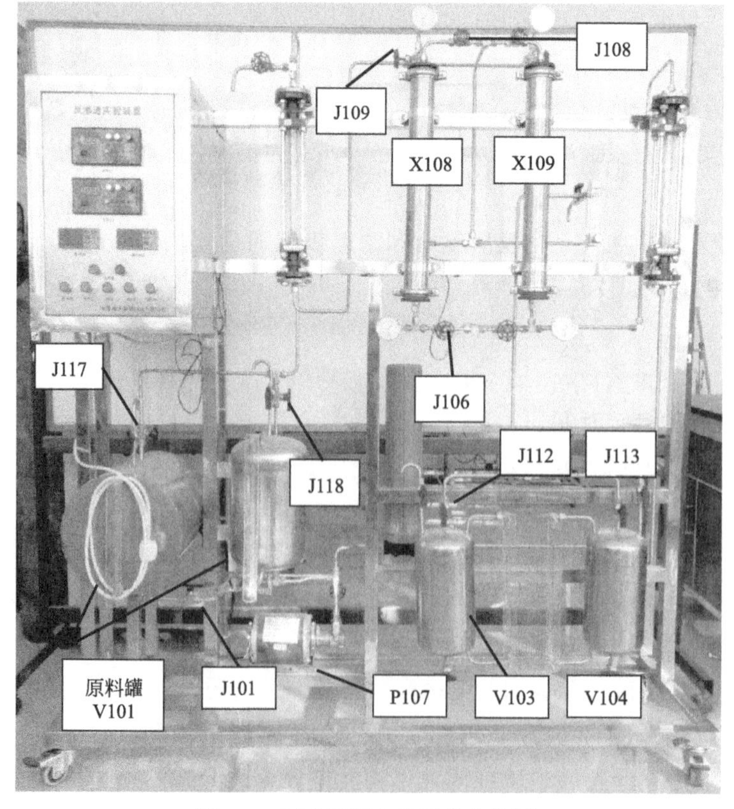

图 1-3 反渗透膜实验设备实物图

五、实验步骤及方法

1. 将原料罐 V101 加满料液。打开原料罐的出水阀 J101（J102），使高压泵 P107 充满料液。

2. 打开总电源，使数字显示仪表通电预热。

3. 以反渗透组件 X108 为例。将反渗透组件 X108 的进水阀门 J106、纯水阀门 J108、浓水调节阀 J109 全开；反渗透组件 X109 的进水阀门 J105、纯水阀门 J107、浓水调节阀 J110 全关；将高压泵的回流调节阀 J104 全开，打开浓水回流阀门 J117（J118），纯水罐 V103（V104）的纯水阀门 J112（J113）。

4. 启动高压泵，缓慢关闭高压泵的回流调节阀 J104。调节进水阀 J106（J105）使系统达到一定压力，进行检漏，直至不漏为止。然后进行正常运行。用浓水调节阀 J109（J110）调节纯水产量，从流量为 0～30L/h 测取 5～6 组数据，记录膜进口压力、温度、浓水流量、淡水流量；同时分别读取两个电导率仪的电导率。

5. 一个实验结束时，缓慢调节浓水调节阀 J109（J110）至全开，然后将高压泵的回流调节阀 J104 全开，最后关闭高压泵。

6. 做加温实验时，将两个原料储罐的控温仪表打开，控制加热温度分别为 20℃、30℃、40℃，给原料储罐的原料液加热。然后重复步骤 3。

7. 启动高压泵，在高压泵的回流调节阀 J104 全开状态下加热，直至温度达到设定温度值。然后继续步骤 4、5 的操作。

8. 实验全部结束时，关闭所有的数字显示仪表，切断电源。

六、实验数据

（一）实验数据记录

系统达到正常运转状态之后，即可进行实验操作；实验条件及数据：本实验用自来水为原料，进行反渗透除盐实验。

按操作方法进行操作，实验结果如下：

1. 进口压力的影响。压力对常温反渗透性能的影响如表 1-1 所示。

表 1-1　压力对常温反渗透性能的影响

操作条件：泵无回流　　温度：室温______℃　　浓水回流至浓水罐

时间	指标	原水	纯水	浓水	进口压力/MPa
	流量/(L/h)				
	电导率/(μS/cm)				
	流量/(L/h)				
	电导率/(μS/cm)				
	流量/(L/h)				
	电导率/(μS/cm)				

2. 溶液温度的影响。温度对常压反渗透性能的影响如表 1-2 所示。

表 1-2 温度对常压反渗透性能的影响

操作条件：泵无回流　　压力：______ MPa　　浓水回流至浓水罐

时间	指标	原水	纯水	浓水	温度/℃
	流量/(L/h)				
	电导率/(μS/cm)				
	流量/(L/h)				
	电导率/(μS/cm)				
	流量/(L/h)				
	电导率/(μS/cm)				

3. 加热条件下，操作压力的影响。温度和压力对反渗透性能的影响如表 1-3 所示。

表 1-3 温度和压力对反渗透性能的影响

操作条件：泵无回流　　　　　浓水回流至浓水罐

时间	指标	原水	纯水	浓水	温度/℃	进口压力/MPa
	流量/(L/h)					
	电导率/(μS/cm)					
	流量/(L/h)					
	电导率/(μS/cm)					
	流量/(L/h)					
	电导率/(μS/cm)					

(二) 实验数据处理

根据大量实测数据经统计分析整理得出不同水型总含盐量（C）(mg/L) 与电导率（σ）(μS/cm) 和水温（t）(℃) 之间存在下列关系式：

Ⅰ-Ⅰ价型水：　$C=0.5736\times e^{(0.0002281t^2-0.03322t)}\sigma^{1.0713}$

Ⅱ-Ⅱ价型水：　$C=0.5140\times e^{(0.0002071t^2-0.03385t)}\sigma^{1.1342}$

重碳酸盐型水：　$C=0.8382\times e^{(0.0001828t^2-0.03200t)}\sigma^{1.0809}$

不均齐价型天然水：　$C=0.4381\times e^{(0.0001800t^2-0.03206t)}\sigma^{1.1351}$

对于不清楚水的离子组成，暂不能确定其水型时，可做如下考虑，当常温下电导率小于 1200μS/cm 时，可按重碳酸盐型水处理，电导率小于 1500μS/cm 时，可按Ⅰ-Ⅰ价型水处理，其余则按不均齐价型水处理。本实验中，原水及浓水按重碳酸盐型水处理，纯水按Ⅰ-Ⅰ价型水处理，处理结果如表 1-4～表 1-6 所示。

表 1-4 进口压力对膜性能的影响

指标	原水	纯水	浓水	进口压力/MPa	纯水回收率/%	脱盐率/%
流量/(L/h)						
浓度/(mg/L)						
流量/(L/h)						
浓度/(mg/L)						
流量/(L/h)						
浓度/(mg/L)						

表 1-5　溶液温度对膜性能的影响

指标	原水	纯水	浓水	温度/℃	纯水回收率/%	脱盐率/%
流量/(L/h)						
浓度/(mg/L)						
流量/(L/h)						
浓度/(mg/L)						
流量/(L/h)						
浓度/(mg/L)						

表 1-6　温度和压力对膜性能的影响

指标	原水	纯水	浓水	温度/℃	进口压力/MPa	纯水回收率/%	脱盐率/%
流量/(L/h)							
浓度/(mg/L)							
流量/(L/h)							
浓度/(mg/L)							
流量/(L/h)							
浓度/(mg/L)							

（三）绘图

根据（二）中所得数据绘制各操作条件下纯水电导率和脱盐率关系图，示意图如图 1-4 所示。

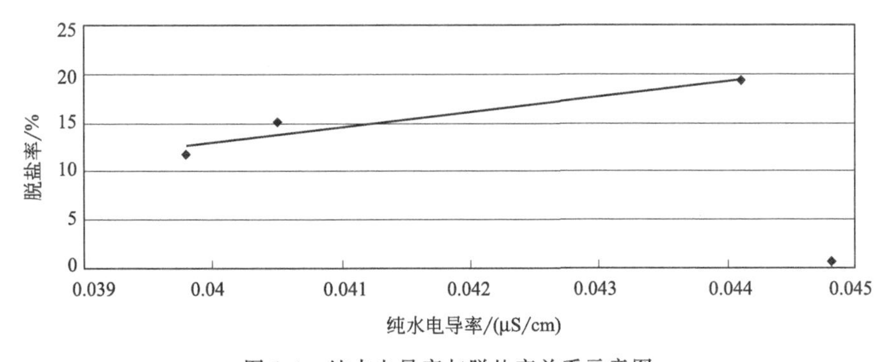

图 1-4　纯水电导率与脱盐率关系示意图

七、注意事项

1. 调节反渗透实验装置时需要缓慢增加膜的压力，避免压力大起大落，不能调节转子流量计旋钮。

2. 当开启高压泵后，要缓慢关闭回流阀，使操作条件处于无回流状态。

3. 在实验过程中，应时刻注意储水罐中水位的变化。在加热实验中，水位应不低于储水罐的一半。

4. 遇到下列情况之一者，应立即停车处理：离心泵发出异常声响；电机电流超过额定值持续不降；仪表设备缺相电。

八、思考题

1. 在本工艺流程中，反渗透膜是关键组件。那么，反渗透膜在桶内是如何安装的？在各种不同的安装方法中，如何实现原水分为纯水和浓水？

2. 反渗透膜是耗材，膜组件受污染后有哪些特征？如何对污染后的反渗透膜进行再生处理？

3. 反渗透膜在使用过程中应该注意哪些注意事项，这些注意事项对反渗透膜会产生怎样的影响？

4. 查阅课外资料，什么是浓度极差？有什么危害？

实验二　变压吸附实验

一、实验背景

变压吸附（Pressure Swing Adsorption，PSA）是指在温度不变，利用吸附剂对特定气体吸附和解析能力上的差异，在加压条件下吸附，在减压（抽真空）或常压条件下解吸，实现混合气体分离的工艺过程，该工艺方法属于近期发展起来的新工艺。变压吸附由于吸附剂的热导率较小，吸附热和解吸热所引起的吸附剂床层温度变化不大，故可将其看成等温过程，它的工况近似地沿着常温吸附等温线进行，在较高压力下吸附，在较低压力下解吸。

吸附常常是在压力环境下进行的，变压吸附提出了加压和减压相结合的方法，它通常是由加压和减压组成的吸附-解吸系统。在等温的情况下，利用加压吸附和减压解吸组合成吸附操作循环过程。吸附剂对吸附质的吸附量随着压力的升高而增加，并随着压力的降低而减少，同时在减压（降至常压或抽真空）过程中，放出被吸附的气体，使吸附剂再生，外界不需要供给热量便可进行吸附剂的再生。因此，变压吸附既称等温吸附，又称无热再生吸附。

Skarstrome 等人于 1960 年首次发明该工艺，最初在工业上主要用于空气干燥和氢气纯化。1970 年后才开发用于空气制氧或制氮，1976 年后逐渐开发成功用碳分子筛，或用沸石分子筛的真空变压吸附法，从空气中制氧或氮，1980 年实现了用单床 PSA 法吸附制取医用氧。四十多年来变压吸附空分制氧技术的研究进展主要表现在两个方面：一是空分制氧吸附剂和其吸附理论的研究方面；二是空分制氧工艺循环过程的研究方面（Sircar，1994；Ruthven Farooq&Knaebel，1994）。国内对这项技术的研究尽管起步较早，然而在较长的一段时间内发展相对较缓。直至进入 20 世纪 90 年代以来，变压吸附制氧设备的优越性才逐渐被国人认可，近几年各种流程的设备相继投产为各行各业带来了巨大的经济效益。

变压吸附法制氧、氮在常温下进行，其工艺有加压吸附/常压解析或常压吸附/真空解析两种，通常选用沸石分子筛制氧、碳分子筛制氮。1991 年，日本三菱重工制成世界上最大的 PSA 制氧设备，其氧产量可达 $8650m^3/h$，我国的 PSA 制氧设备已初步系列化，产量最高可达 $2600m^3/h$，氧纯度≥90%，德国林德公司 20 世纪 80 年代以来的单位氧产品能耗最低可达 $0.42kW \cdot h/m^3\ O_2$。

工业中常用到的除变压吸附外，还有变温吸附。变温吸附也是利用多孔固体物质的选择性吸附实现气体或液体混合物的分离和净化。该吸附过程通过化学键合力的作用吸引物质附着于固体表面，称为化学吸附。一个完整的吸附分离过程通常是由吸附与解吸（脱附）循环操作构成，由于实现吸附和解吸操作的工程手段不同，过程被分变压吸附和变温吸附。变温吸附是通过调节温度（降温吸附，升温解吸）完成循环操作。变压吸附主要用于物理吸附过程，变温吸附主要用于化学吸附过程。本实验以空气为原料，以 5A 分子筛为吸附剂，通过变压吸附的方法分离空气中的氮气和氧气，达到提纯氧气的目的。

二、实验目的

1. 深刻地理解吸附理论，掌握所学理论知识，并与实践相结合。
2. 掌握吸附中变压吸附的应用，了解吸附设备，并学会设备的操作。
3. 掌握变压吸附中压力变化、阀门切换时间变化与吸附量的关系。

三、实验原理

吸附是一个复杂过程，存在着化学和物理吸附现象，而变压吸附则是纯物理吸附，整个过程均无化学吸附现象存在。

众所周知，当气体与多孔和固体吸附剂（如活性炭类）接触，因固体表面分子与内部分子不同，具有剩余的表面自由力场或称表面引力场，因此使气相中的可被吸附的组分分子碰撞到固体表面后即被吸附。当吸附于固体表面分子数量逐渐增加，并将要被覆盖时，吸附剂表面的再吸附能力下降，即失去吸附能力，此时已达到吸附平衡。变压吸附是在较高压力进行吸附，在较低压力下使吸附的组分解吸出来。从图 2-1 吸附等温线可看出吸附量与分压的关系，升压吸附量增加，而降压可使吸附分子解吸，但解吸不完全，故用抽真空方法得到脱附解吸并使吸附剂再生。

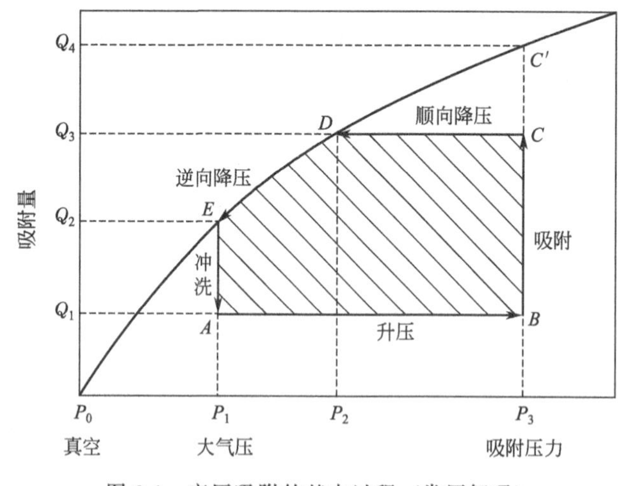

图 2-1　变压吸附的基本过程（常压解吸）

当被处理的吸附混合物中有强吸附物和弱吸附物存在时，强吸附物被吸附，而弱吸附物被强吸附物取代而排出，在吸附床未达到吸附平衡时，弱吸附物可不断排出，并且被提纯。

各种气体组分在不同种类吸附剂上的吸附力大小受多种因素的控制，在选定吸附剂和变压吸附条件下，各种气体组分的吸附力强弱顺序如图 2-2 所示。

单一的固定吸附床操作，无论是变温吸附还是变压吸附，由于吸附剂需要再生，吸附是间歇式的。因此，工业上都是采用两个或更多的吸附床，使吸附床的吸附和再生交替（或者循环）进行，以保证吸附分离过程的连续进行。

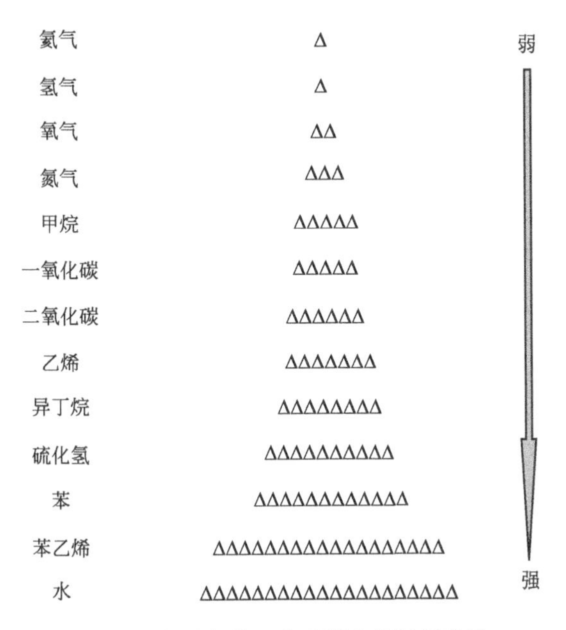

图 2-2　各种气体组分吸附力强弱顺序图

变压吸附循环过程有三个基本工作步骤：

1. 加压吸附：吸附床在过程的最高压力下通入被分离的气体混合物，其中强吸附组分被吸附剂选择性吸附，弱吸附组分从吸附床的另一端流出。

2. 减压解吸：根据被吸附组分的性能，选用前述的降压、抽真空、冲洗和置换中的几种方法使吸附剂得以再生。一般采用减压解吸，先是降压到大气压力，然后再用冲洗、抽真空或置换。

3. 升压：吸附剂再生完成后，用弱吸附组分对吸附床进行充压，直到吸附压力为止，然后在该吸附压力下进行吸附。

变压吸附在加压下进行吸附，减压下进行解吸。由于循环周期短，吸附热来不及散失，可供解吸使用，所以吸附热和解吸热引起的吸附床温度变化一般不大，波动范围仅在几摄氏度，可近似看作等温过程。

常用减压解吸方法有以下几种。

1. 降压：吸附床在较高压力下吸附，然后降到较低压力，通常接近大气压，这时一部分吸附组分解吸出来。这个方法操作简单，但吸附组分的解吸不充分，吸附剂再生程度不高。

2. 抽真空：吸附床降到大气压以后，为了进一步减少吸附组分的分压，可用抽真空的方法来降低吸附床压力，以得到更好的再生效果，但此法增加了动力消耗。

3. 冲洗：利用弱吸附组分或者其他适当的气体通过需要再生的吸附床，被吸附组分的分压随冲洗气通过而下降。吸附剂的再生程度取决于冲洗气的用量和纯度。

4. 置换：用一种吸附能力较强的气体把原先吸附的组分从吸附剂上置换出来。这种方法常用于产品组分吸附能力较强而杂质组分较弱即从吸附相获得产品的场合。

变压吸附过程中，采用哪种再生方法是根据被分离气体混合物中各组分性质、产品要求、吸附剂特性以及操作条件来选择的，亦可以由几种再生方法配合使用。应当注意的是，无论采用何种方法再生，再生结束后，吸附床吸附质的残余量不会等于零，换言之，吸附剂不会彻底再生。这部分残余量也不是均匀分布在吸附床各个部位。

工业上常用的吸附剂有：硅胶类、氧化铝类、活性炭类、分子筛类等吸附剂；另外还有针对某组分选择性吸附而研制的特殊吸附材料。吸附剂对各种气体组分的吸附性能是通过实验测定静态下的等温吸附线和动态下的穿透曲线来评价的。吸附剂的良好吸附性能是吸附分离过程的基本条件。在变压吸附过程中吸附剂的选择还要考虑解决吸附和解吸之间的矛盾，一方面吸附剂对杂质应有较大的吸附量，同时被吸附的杂质应易于解吸，从而在短周期内达到吸附解吸平衡，使分离提纯过程能够维持下去。另一方面是组分间的分离系数尽可能大，气体组分的分离系数越大，分离越容易，得到的产品气纯度越高，同时回收率也越高。

在吸附过程中由于床内压力呈周期性变化，气体在短时间内进入或排出吸附床层，吸附剂要经受气流频繁地冲刷，要求所使用的吸附剂应有足够的强度，以减少破碎和磨损。分离组分复杂、类别较多的气体混合物，常需要选用几种吸附剂，这些吸附剂可按吸附分离性能依次分层装填在同一吸附床内，有些情况也可分别装填在各个吸附床内。正是由于以上几种原因，变压吸附工艺对吸附剂具有特殊的要求，因此将用于变压吸附工艺的吸附剂称为专用吸附剂。

本实验中吸附剂选用5A分子筛，属于极性分子。5A分子筛由钙离子交换人工合成的一种泡沫沸石，具有很大的吸附表面、较强的静电吸附能力，能把小于孔洞的分子吸进孔内，把大于孔洞的分子挡在孔外，可吸附小于0.5nm的分子，从而实现混合气体的分离。N_2和O_2都是非极性分子，分子直径十分接近（O_2为0.28nm，N_2为0.3nm），因此可在5A分子筛的孔内进行吸附。以5A分子筛为吸附剂，分离空气中的氮气和氧气的主要依据是平衡吸附量差，即基于不同气体的吸附平衡效应。由于氮气和氧气分子的核极距不同，形成了对氮气分子的选择吸附，当空气进入5A分子筛床层时，氮气被优先吸附，而氧气则留在未吸附相中。氮气（吸附相）会由于吸附而浓集于变压吸附器空气入口端，而氧气（未吸附相）会继续随气流向变压吸附器出口端运动。从而使得空气中的氧气得以提纯。由于该吸附分离过程是一个平衡吸附量控制过程，因此，空气进气流量是本实验的关键影响因素。当吸附剂用量、吸附压力、吸附时间（即吸附-解吸循环速率的控制）一定时，适宜的空气进气流量可通过测定吸附柱的穿透曲线来确定。

四、实验设备及流程图

（一）实验装置

本实验所用装置流程示意如图2-3所示，实物图如图2-4所示。

（二）实验装置参数

1. 变压吸附温度：室温；
2. 吸附剂：5A分子筛；

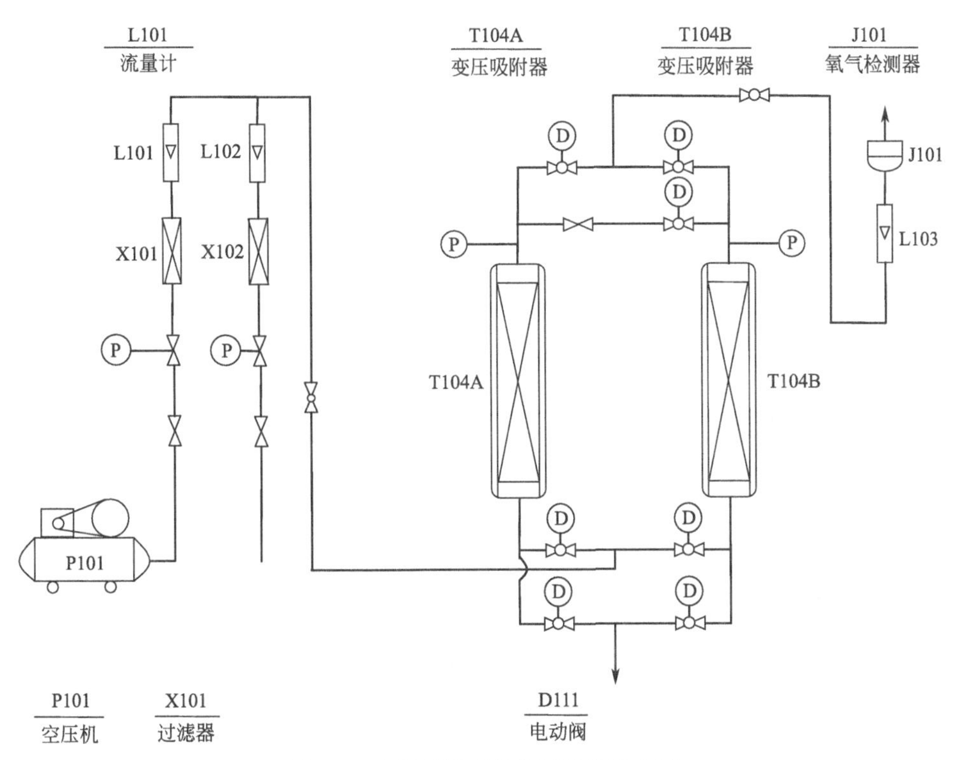

图 2-3　变压吸附实验装置流程示意图

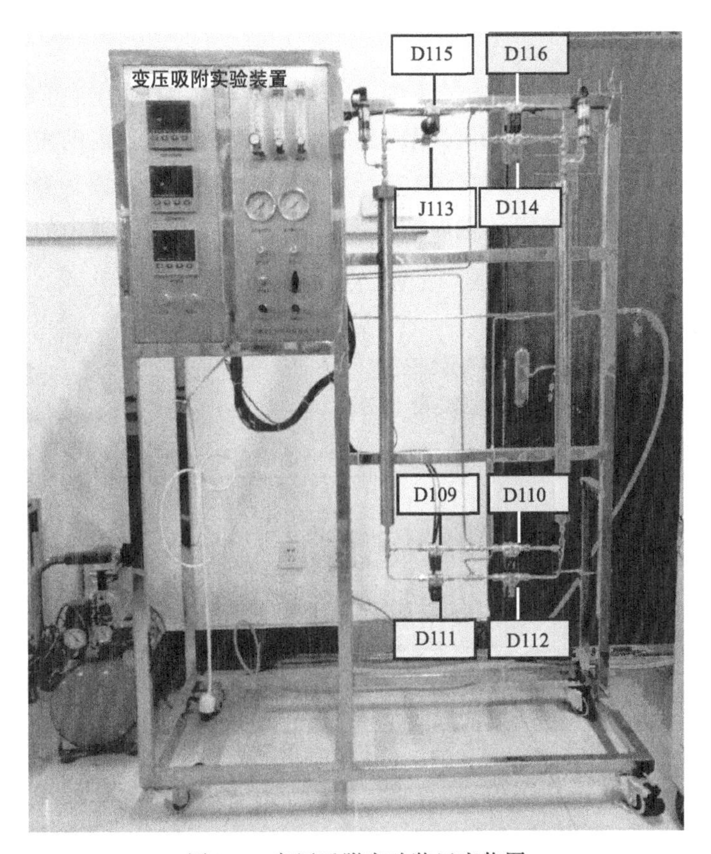

图 2-4　变压吸附实验装置实物图

3. 分离气体：空气；
4. 分离组分：氧气、氮气；
5. 操作压力：最高使用压力为1.0MPa；
6. 变压吸附器：ϕ50mm×1000mm；
7. 空压机：WM-6型，排气压力为0.8MPa，排气量为0.028m^3/min；
8. 转子流量计：0～500mL/min；0～3L/min。

（三）实验装置实物图

见图2-4。

五、实验步骤及方法

（一）试漏

1. 按流程图连接好管路，开启空压机，关闭Q106支路，开启C103支路，关闭出口阀，检查系统气密性，如有压力下降，用肥皂水涂拭各接点，直至找出漏点，使系统不漏气为止。

2. 开启总电源，开启变压进气管路及尾气出气管路。开启变压温度、压力及氧气浓度仪表，打开变压开关。装置自动运行。手动转动调节阀J113，调节吹扫气量。

3. 运行过程中观察两个吸附器床层的压力变化，以及出口氧气浓度的变化。

4. 变压吸附装置运行过程。

（二）吸附与再生

开启D109、D112、D115、C103，关闭其他电磁阀，此时为变压吸附器1吸附状态，40s后，阀门D114打开，同时调节J113，平衡两个吸附器内的压力，平衡时间为4s。然后开启D110、D111、D116、C103，关闭其他电磁阀，此时为变压吸附器2吸附状态，40s后，阀门D114打开，同时调节J113，平衡两个吸附器内的压力，平衡时间为4s。

六、实验数据

变压吸附实验原始数据记录表如表2-1所示。

表2-1 变压吸附实验原始数据记录表

编号	1号柱			2号柱		
	时间/s	压力/MPa	尾气氧气含量/%	时间/s	压力/MPa	尾气氧气含量/%

七、注意事项

1. 实验开始时，先试漏再进行操作。

2. 注意氧分析仪的使用方法和维护。

八、思考题

1. 变压吸附的原理在流程中是如何体现的？

2. 变压吸附效果的影响因素有哪些？

3. 该吸附装置在提纯氧气的同时，还具有富集氮气的作用，如果实验目的是为了获得富氮，实验装置及操作方案应做哪些改动？

实验三 二元气液平衡数据的测定

一、实验背景

气液平衡（Vapour-Liquid Equilibrium，VLE）是由 n 个组分的混合物构成一个封闭系统，并有气液两相共存，一定的温度和压力下，两相达到平衡时，各组分在气液两相中的化学位趋于相等。或运用逸度更为方便，在混合物中 i 组分在气相和液相中的逸度相等，称气液平衡。

对于混合物，相平衡的关系主要是指 T、p 和各相的组成，作为非均相系统的性质，还应包括互成平衡的各相的其他热力学性质。它们的计算需要将混合物的相平衡准则与反映混合物特性的模型（状态方程＋混合法则或活度系数模型）结合起来。

气液平衡是实际应用中涉及最多的相平衡，也是研究得最多、最成熟的一类相平衡。其他类型的相平衡（如液液平衡、气体在溶剂中的溶解平衡、固液平衡等）的原理与气液平衡有一定的相似性。

一个由 N 个组分组成的两相（如气相 V 和液相 L，如图 3-1 所示）系统，在一定 T、p 下达到气液平衡。该两相平衡系统的基本强度性质就是 T、p，气相组成 y_1，y_2，…，y_{N-1}（因为$\sum y_i=1$）和液相组成 x_1，x_2，…，x_{N-1}（因为$\sum x_i=1$），共有 $2+(N-1)+(N-1)=2N$ 个。由相律知，N 元的两相平衡系统的自由度是 $f=N-2+2=N$，若给定 N 个独立变量，其余 N 个强度性质就能确定下来，这是气液平衡计算的主要任务。完成了气液平衡计算，该非均相系统中的任何一个相的其他热力学性质就容易得到了，因为平衡状态下的非均相系统中的各个相都可以作为均相系统处理。

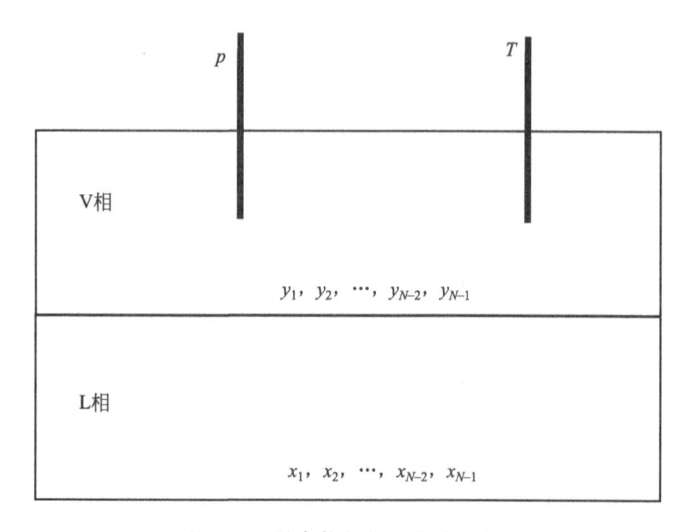

图 3-1　混合物的气液平衡系统

相图不仅具有重要的实际应用意义，而且还有助于理解相平衡和计算。相律提供了确定系统所需要的强度性质数目。在二元气、液混合物中，其基本的强度性质是（T、p、x_1、y_1），系统的自由度为 $f=2-M+2=4-M$（M 是相的数目），系统的最小相数为 $M=1$，故最大自由度为 3，表明最多需要 3 个强度性质来确定系统。这样，二元气液相图就要表达成三维立体曲面形式。

为了便于用二维相图来研究问题，习惯上，增加一个对强度性质限制条件（常有等温条件和等压条件有时也用定组成相图），此时系统的自由度为 $f=3-M$。在单向区，$M=1$，$f=2$，系统状态可以表示在二维平面上；在气液共存时，$M=2$，$f=1$，故气液平衡关系就能表示成曲线。

本实验中以给定基本强度性质 p 为例，即在固定压力条件下，单向区的状态可以表示在温度组成的平面上，气液平衡关系可以表示成温度-组成（T-x_1 和 T-y_1）的曲线，如图 3-2(a) 所示。在实际应用中，等压二元气液平衡关系还可以表示成 x_1-y_1 曲线，如图 3-2(b) 所示。

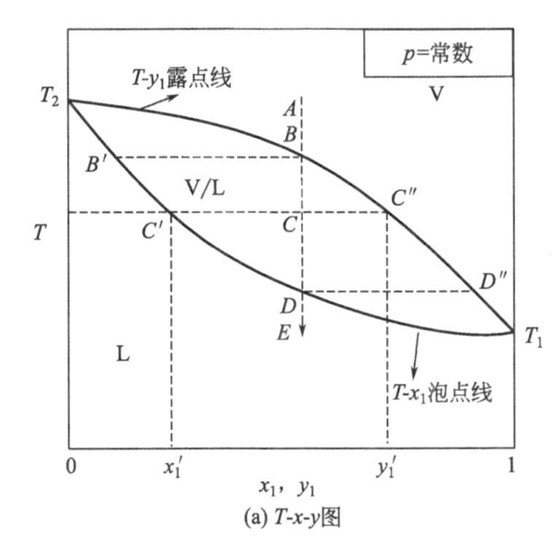

(a) T-x-y图

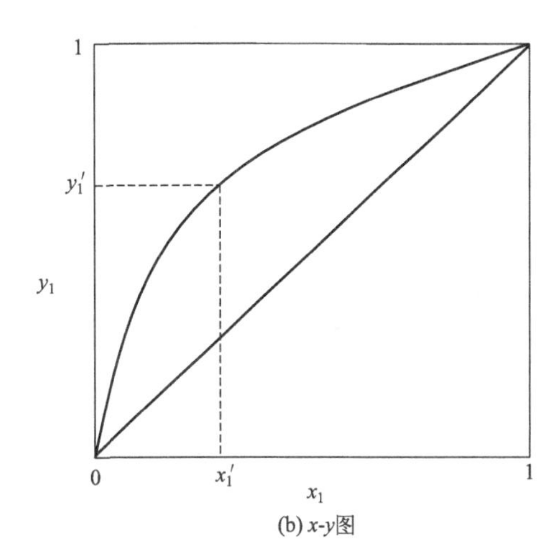

(b) x-y图

图 3-2　等压二元系统的相图

按照习惯，将二元系统中的低沸（高挥发性）组分作为组分 1，而高沸（低挥发性）组分作为组分 2。由图 3-2 可知，T_1 和 T_2 是纯组分在给定压力 p 下的沸点。连接 T_1，T_2 的两条曲线中，上面的称为露点线，表示了平衡温度与气相组成的关系 T-y_1；而下面的曲线是泡点线，表示了平衡温度与液相组成的关系 T-x_1。可以认为，露点线上的任何一点都是代表该点气相混合物刚开始平衡冷凝（换句话说，刚开始产生第一个与气相平衡的小液滴，又不至于引起气相组成改变）的状态；而泡点线上的任何一点是代表该点的液相混合刚开始平衡汽化（换句话说，刚开始产生第一个与液相成平衡的小气泡，又不至于引起液相组成变化）的状态。

图 3-2(a) 的 T-x-y 图被露点线和泡点线划分为气相区 V、液相区 L 和气液共存区 V/L。图中的虚线 $A\rightarrow B\rightarrow C\rightarrow D\rightarrow E$ 表示处于气相区的定组成混合物 A 在等压条件下降温的过程，系统状态沿虚线向下与露点线相交时（交点 B 是露点），产生的平衡液相是 B'点；当降温至 C 点时，产生的平衡气、液相分别是 C''、C'点（但系统的总组成是

不变的，C、C''和C'点的量和组成符合杠杆规则)；当所有的气相全部冷凝时（即泡点D)，与此成平衡的气相D''；此后系统将在液相区继续降温至E点。同样，当过程相反时描述亦然。

要注意的是，混合物在相变过程与纯物质的情况有所不同，如在等压条件下，混合物的相变过程一般是变温过程，而纯物质物质是等温过程。

图 3-2(b) 的 x-y 曲线是气液平衡的另一种表达形式，曲线上的每一点的温度都是不同的，但是 x-y 图不能给出温度的数据。x-y 图虽然比 T-x-y 图的信息少，但在平衡级分离中被广泛采用。由上面的相图可知，平衡的气、液相的组成是有差异的，多数情况下，混合物的汽化使得轻组分在气相得到富集，重组分在液相得到富集（但不是所有的系统都是这样)，所以，气液平衡是蒸馏平衡级分离的基础。

二、实验目的

1. 测定苯-正庚烷或正己烷-正庚烷二元体系在常压下的气液平衡数据。
2. 通过实验了解平衡釜的结构，掌握气液平衡数据的测定方法和技能。
3. 绘制气液平衡曲线 T-x-y 图。

三、实验原理

本实验中，组分数为 2，相数 $M=2$，故自由度 $f=2$。由于处于接近常压状态，可将气相近似视为理想气体，液相则为非理想液体，且忽略压力对液体逸度的影响。

与循环法测定气液平衡数据的平衡釜原理基本相同，如图 3-3 所示，体系达到平衡时，两个容器的组成不随时间变化，这时从 A 和 B 两容器中取样分析，可得到一组平衡数据。

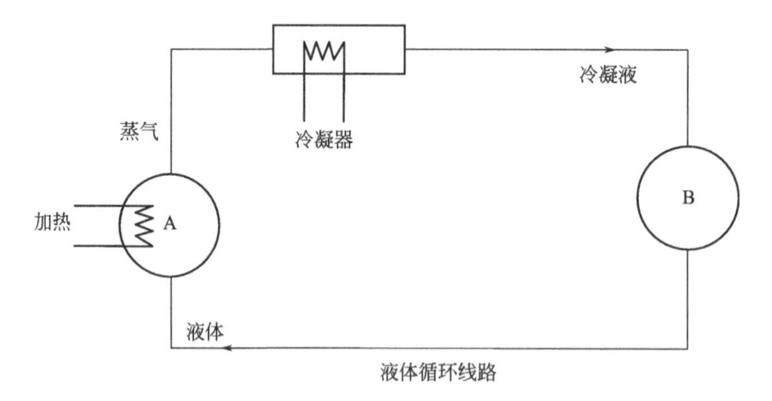

图 3-3 平衡法测定气液平衡原理图

当达到平衡时，除了两相的压力和温度分别相等外，每一组分的化学位也相等，即逸度相等，其热力学基本关系为：

$$f_i^{\mathrm{L}}=f_i^{\mathrm{V}} \tag{3-1}$$

$$\hat{\phi}_i^{\mathrm{V}} p y_i=\gamma_i f_i^{\mathrm{L}} x_i$$

常压下，气相可视为理想气体（参考《化工热力学》第三章逸度和逸度系数)，再忽略压力对液体逸度的影响，$f_i^{L}=p_i^0$ 从而得出低压下气液平衡关系为：

$$py_i=\gamma_i p_i^0 x_i \tag{3-2}$$

式中 p——体系压力（总压）；

p_i^0——纯组分 i 在平衡温度下饱和蒸气压，可用安托尼（Antoine）公式计算；

x_i、y_i——组分 i 在液相和气相中的摩尔分数；

γ_i——组分 i 的活度系数。

由实验测得等压下气液平衡数据，则可用（参考《化工热力学》第四章活度系数定义及其归一化）

$$\gamma_i=\frac{py_i}{x_i p_i^0} \tag{3-3}$$

计算出不同组成下的活度系数。

本实验中活度系数和组成关系采用 Wilson 方程关联。Wilson 方程为：

$$\ln\gamma_1=-\ln(x_1+\Lambda_{12}x_2)+x_2\left(\frac{\Lambda_{12}}{x_1+\Lambda_{12}x_2}-\frac{\Lambda_{21}}{x_2+\Lambda_{21}x_1}\right) \tag{3-4}$$

$$\ln\gamma_2=-\ln(x_2+\Lambda_{21}x_1)+x_1\left(\frac{\Lambda_{21}}{x_2+\Lambda_{21}x_1}-\frac{\Lambda_{12}}{x_1+\Lambda_{12}x_2}\right) \tag{3-5}$$

其中 $\Lambda_{12}=\dfrac{V_2^{l}}{V_1^{l}}\exp\left[\dfrac{-(\lambda_{12}-\lambda_{11})}{RT}\right]$和$\Lambda_{21}=\dfrac{V_1^{l}}{V_2^{l}}\exp\left[\dfrac{-(\lambda_{21}-\lambda_{22})}{RT}\right]$

根据式(3-4)和式(3-5)计算活度系数 γ_1 和 γ_2 时，需要输入纯液体的摩尔体积数据和能量参数（$\lambda_{12}-\lambda_{11}$）和（$\lambda_{21}-\lambda_{22}$），其中纯液体的摩尔体积数据可以从化工热力学附录 A-3 计算得到，能量参数需要从混合物的相平衡数据得到。

目标函数选为气相组成误差的平方和，即

$$F=\sum_{j=1}^{m}(y_{1实}-y_{1计})_j^2+(y_{2实}-y_{2计})_j^2 \tag{3-6}$$

四、实验设备及流程图

二元气液平衡实验装置流程图如图 3-4 所示，实物图如图 3-5 所示。

五、实验步骤及方法

1. 将测温套管中倒入甘油，将标准温度计插入套管中。

2. 检查整个系统的气密性，以保证实验装置具有良好的气密性，将气压球与三通管连接好，与大气相通，用手压瘪气压球，然后开启气压球所连小阀直通系统，抽气使设备处于负压状态，U 形管压力计的液面升起，在一定值下停止。注意操作不能过快，以免将 U 形管液体抽入系统。关闭气压球所连小阀，停 10min，U 形管内液体位差不下降为合格。开启气压球所连小阀，使系统直通大气。

3. 由于实验测定的是常压下的气液平衡数据，读取当天实验室的大气压值。

4. 平衡釜内加入一定浓度的苯-正庚烷混合液 20～30mL，打开冷却水，安放好加热器，接通电源。

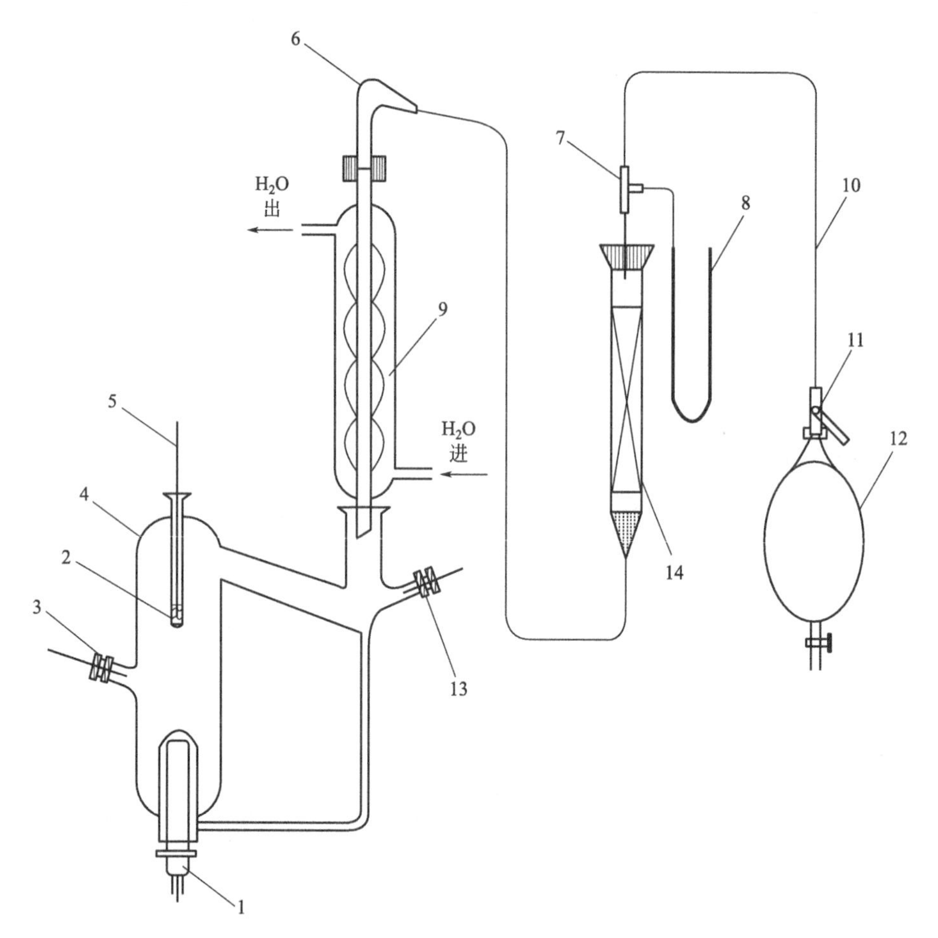

图 3-4　二元气液平衡实验装置流程图

1—加热棒；2—液体石蜡或甘油等；3—液体取样口；4—玻璃平衡釜；5—标准温度计；
6—玻璃磨口接头；7—不锈钢三通；8—U形压力计；9—玻璃冷凝器；10—乳胶管；
11—三通阀；12—气压球；13—铝制取样口接头；14—干燥管

5. 开启开关，仪表有显示。顺时针方向调节电流给定旋钮，使电流表有显示后，给定温度控制的数值。开始时加热电流给到 0.1A 加热，5min 后给到 0.2A，再等 5min 后慢慢调到 0.25A 左右即可，以平衡釜内液体能沸腾为准。冷凝回流液控制在每秒 2～3 滴，稳定回流 15min 左右，以建立平衡状态。

6. 到平衡后，需要记录下温度计的读数，并用微量注射器分别取两相样品，测定其含量，确定样品的组成。关掉电源，拿下加热器，釜液停止沸腾。

7. 注射器从釜中取出 2～5mL 的混合液，然后加入同量的一种纯物质，重新加热建立平衡。加入何种物质，可以依据你上一次的平衡温度而定，以免实验点分布不均。本实验是降温操作，取出的混合液 5mL，加入苯 7mL，实验重复 5 次。

8. 实验完毕，关掉电源和水源，处理实验数据。

注：

① 使用苯-正庚烷做实验时，用阿贝折光仪分析。

② 使用正己烷-正庚烷做实验时，用气相色谱仪分析。

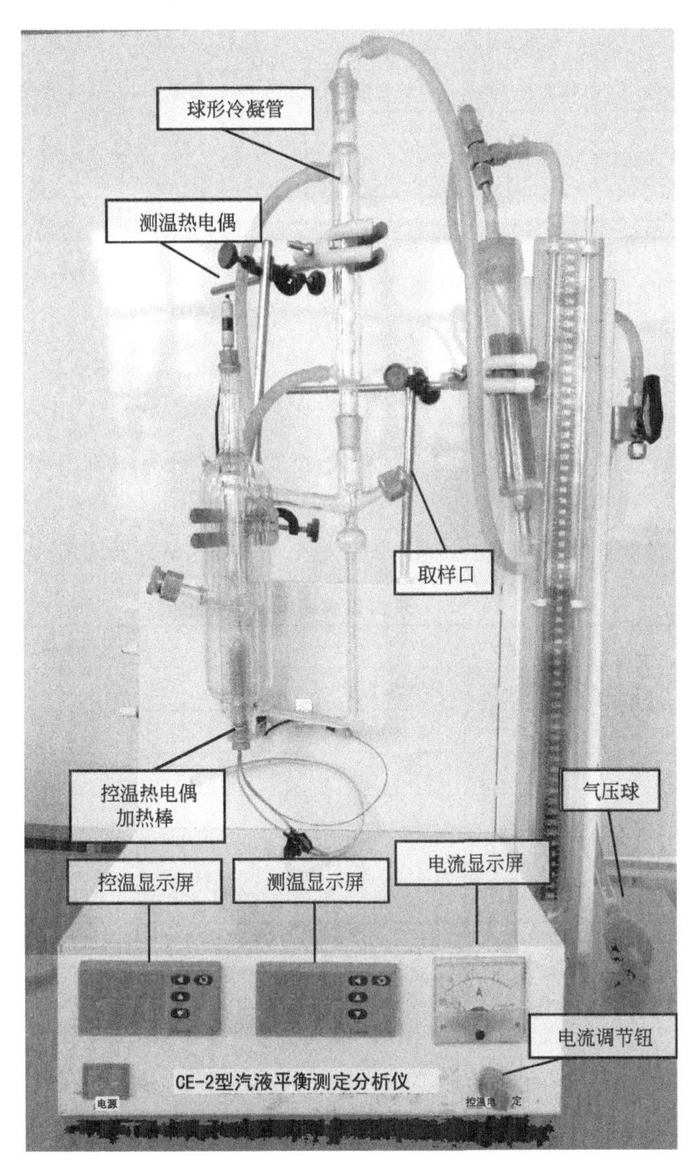

图 3-5　二元气液平衡装置实物图

六、实验数据

纯组分在常压下的沸点：

苯：80.4 ℃　　　　　正庚烷：98.4℃　　　　　正己烷：69℃

1. 将在特定温度下测得的折射率（阿贝折光仪）及对应含量填入表 3-1 中。

表 3-1　气相-液相实验结果（阿贝折光仪）

组号	气相				液相			
	折射率	温度/℃	苯含量/%	正庚烷含量/%	折射率	温度/℃	苯含量/%	正庚烷含量/%
1								
2								

续表

组号	气相				液相			
	折射率	温度/℃	苯含量/%	正庚烷含量/%	折射率	温度/℃	苯含量/%	正庚烷含量/%
3								
4								
5								

公式：
$$n=1.38373+0.1064x_{苯} \tag{3-7}$$
公式：
$$x_{正庚烷}=1-x_{苯} \tag{3-8}$$
式中　n——折射率；

$x_{苯}$——所测液体中苯的含量。

根据测得的折射率，代入到式(3-7）和式(3-8）中，计算得到气相和液相中苯和正庚烷的含量。

2. 将在特定温度下测得的正己烷-正庚烷含量（气相色谱）及对应含量填入表3-2中。

表3-2　气相-液相实验结果（气相色谱）

组号	气相			液相		
	温度/℃	正己烷含量/%	正庚烷含量/%	温度/℃	正己烷含量/%	正庚烷含量/%
1						
2						
3						
4						
5						

3. 以温度为纵坐标、苯含量为横坐标绘制气液平衡曲线图如图3-6所示（T-x-y 图）。

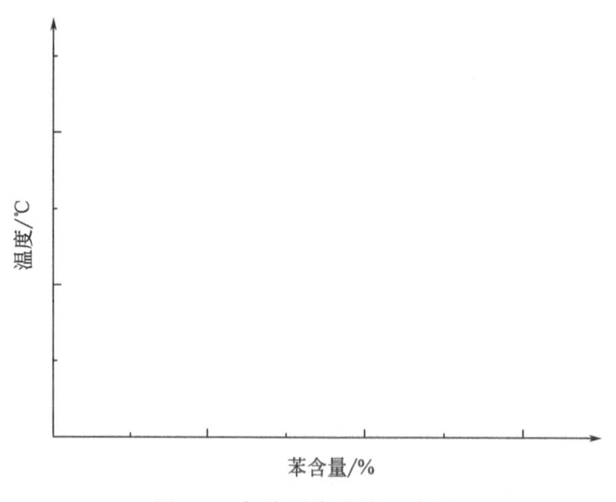

图3-6　气液平衡曲线示意图

4. 根据表3-1中所示数据绘制出苯含量和折射率之间的关系图如图3-7所示。
根据图3-7中所示数据进行线性拟合可得到方程：$Y=a-bx$。
因此，根据折射率可得到其他待测溶液的苯-正庚烷含量。

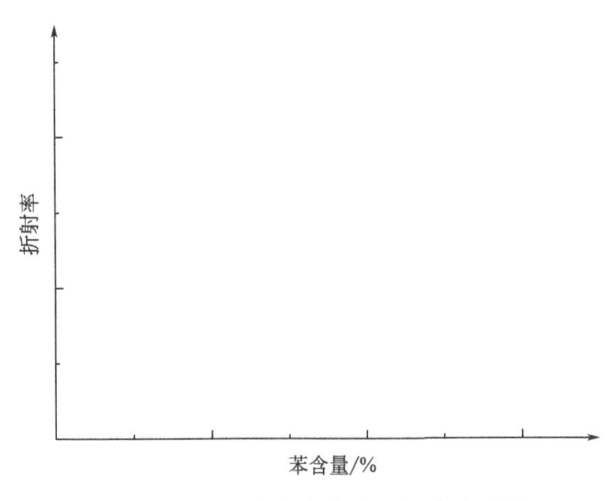

图 3-7 苯含量与折射率关系曲线示意图

5. 根据苯的密度 $\rho_{苯}=0.8786\text{g/mL}$，正庚烷的密度 $\rho_{正庚烷}=0.68\text{g/mL}$，正己烷的密度 $\rho_{正己烷}=0.692\text{g/mL}$，和各自相对应的分子量，计算得出各组分在液相和气相中的摩尔分数。

6. 根据安托尼（Antoine）公式，$\lg(p^0/\text{kPa})=A-B/(C+t/℃)$，查得苯和正庚烷相关参数数据 A、B 和 C。并根据此数据计算出相应温度下的饱和蒸气压。

7. 已知两个参数分别为 $\Lambda_{12}=0$ 和 $\Lambda_{21}=1$，根据公式(3-4) 和式(3-5) 求得 $\ln\gamma_1$ 和 $\ln\gamma_2$，再根据公式(3-3) 可求得 y_i。根据包头地区大气压取 $p=101.00\text{kPa}$，求得各组分气相摩尔分数的计算值。

8. 第 5 步所得数据属于实测数据，第 7 步所得数据属于计算数据，根据此两组数据，以对应温度为横坐标、摩尔分数为纵坐标，可做出气相中苯的实际值和计算值之间的关系图（图略）。

9. 根据公式(3-6) 可计算出气相组成误差的平方和（计算过程略）。

七、注意事项

1. 开始加热时电压不宜过大，以免物料由于爆沸而冲出平衡釜。

2. 气液平衡时间要足够，确保达到平衡后再取样，取样用针管和储样用溶剂瓶要保持干燥，储样瓶装样后要保持密封，以免由于挥发而造成人为实验误差。

3. 测量折射率时，应使溶液铺满毛玻璃板，并防止其挥发。取样分析前应确保胶头滴管和折光仪毛玻璃板干燥，取样分析后应用无水乙醇将毛玻璃板和胶头滴管冲洗干净并使其干燥。

八、思考题

1. 实验中怎样判断气液两相已达到平衡？
2. 影响气液平衡测定准确度的原因有哪些？
3. 影响气液平衡测定准确度的因素有哪些？
4. 测试过程中产生误差的原因是什么？

实验四 多功能玻璃连续精馏实验

一、实验背景

在化工生产过程中，为了满足生产需要及产品纯度的要求，经常要将由若干组分所组成的均相混合物分离成为较纯净或几乎纯态的物质或组分。分离均相混合物的方法有很多，蒸馏是分离均相液体混合物的典型单元操作之一。

蒸馏分离混合物的原理是将液体混合物部分汽化或部分冷凝，利用混合物中各组分挥发性的差异，从而将混合物中各组分进行分离的单元操作。

虽然各种溶液均具有挥发成蒸气的能力，但各种液体的挥发性各不相同，即在一定外压下，混合物中各组分的沸点不同，如苯-甲苯溶液，当压力为101.33kPa时，苯的沸点为80.1℃，而甲苯的沸点为110.6℃。混合物中沸点较低的液体容易挥发，因此称其为易挥发组分A（或称为轻组分）；沸点较高的液体难以挥发，因此称其为难挥发组分B（或称为重组分）。若将该混合溶液进行加热，使其部分汽化，那么在产生的蒸气中易挥发组分的含量 y_A 大于混合物中易挥发组分的含量 x_A。反之将混合蒸气冷却使之部分冷凝，所得冷凝液中难挥发组分的含量 x_B 比蒸气中难挥发组分的含量 y_B 高。

上述两种情况所得到的气、液组成均满足：$y_A/y_B>x_A/x_B$。

当然，这种分离是不完全的，通常与所要求的纯度相差甚远。部分汽化及部分冷凝只能使混合物得到一定程度的分离，它们均是依据混合物中各组分挥发性的差异而达到分离的目的。如果反复利用上述原理，最终可以将混合物分成所需纯度的产品。

蒸馏在化工、石油加工、食品加工等行业中应用十分广泛，它是分离过程中最重要的单元操作之一。在生产中，经常涉及将原料、中间产物或粗产物进行分离，以满足生产的需求，如将石油通过蒸馏可得到汽油、煤油、柴油及重油等；将液态空气蒸馏可得到纯态的液氧和液氮等；将低浓度的甲醇水溶液蒸馏可生产甲醇。

蒸馏不仅可以分离液体混合物，而且可用于气态或固态混合物的分离，如将丙烯、丙烷、丁烷等混合物加压液化，利用精馏方法可提纯丙烯；将脂肪酸混合物加热溶化，在减压下用蒸馏方法可将其分离。

蒸馏适用于任何浓度混合物的分离，而其他传质分离操作，只有当被提取组分浓度较低时才有经济性。

蒸馏操作的分类方法有很多，常见的分类方法有以下4种：

1. 按蒸馏方式不同可分为简单蒸馏、平衡蒸馏、精馏、特殊精馏。对较易分离的物系或分离要求不高时，可采用简单蒸馏或平衡蒸馏，简单蒸馏和平衡蒸馏为单级蒸馏过程；对较难分离的物系或对分离要求较高的场合时，常采用精馏，精馏为多级蒸馏过程。很难分离的或用普通精馏不能分离的可采用特殊精馏，如恒沸精馏、萃取精馏等。

2. 按操作压力不同可分为常压精馏、减压（或真空）精馏、加压精馏。减压精馏用于沸点较高且是热敏性物系的分离；加压精馏用于在常压下不能进行分离（如常压为气体混合物）或达不到分离要求的情况；一般情况多采用常压精馏。

3. 按操作方式不同可分为间歇精馏和连续精馏。间歇精馏多用于小批量生产或某些特殊要求的场合；工业生产中以连续精馏最为常见。

4. 按物系的组分数多少可分为两组分精馏和多组分精馏。工业生产中以多组分精馏最为常见。因两组分精馏计算较为简单，故常以两组分溶液的精馏原理为计算基础，然后引申用于多组分精馏的计算中。

本实验所涉及内容为多组分连续精馏操作，因此，下述主要介绍连续精馏。

精馏是一种利用回流使液体混合物得到高纯度分离的蒸馏方法，是工业上应用最广的液体混合物分离操作，广泛用于石油、化工、轻工、食品、冶金等部门。精馏操作按不同方法进行分类。根据操作方式，可分为连续精馏和间歇精馏；根据混合物的组分数，可分为二元精馏和多元精馏；根据是否在混合物中加入影响气液平衡的添加剂，可分为普通精馏和特殊精馏（包括萃取精馏、恒沸精馏和加盐精馏）。若精馏过程伴有化学反应，则称为反应精馏。

本实验内容为连续精馏操作，在连续精馏装置中通常包括精馏塔、再沸器、冷凝器等。

连续精馏典型操作如：精馏塔供气液两相接触进行相际传质，位于塔顶的冷凝器使蒸气得到部分冷凝，部分冷凝液作为回流液返回塔顶，其余馏出液则为塔顶产品。位于塔底的再沸器使液体部分汽化，蒸气沿塔上升，余下的液体作为塔底产品。进料加在塔的中部，进料中的液体和上塔段来的液体一起沿塔下降，进料中的蒸气和下塔段来的蒸气一起沿塔上升。在整个精馏塔中，气液两相逆流接触，进行相际传质。液相中的易挥发组分进入气相，气相中的难挥发组分转入液相。对不形成恒沸物的物系，只要设计和操作得当，馏出液将是高纯度的易挥发组分，塔底产物将是高纯度的难挥发组分。进料口以上的塔段，把上升蒸气中易挥发组分进一步提浓，称为精馏段；进料口以下的塔段，从下降液体中提取易挥发组分，称为提馏段。两段操作的结合，使液体混合物中的两个组分较完全地分离，生产出所需纯度的两种产品。

连续精馏之所以能使液体混合物得到较完全的分离，关键在于回流的应用。回流包括塔顶高浓度易挥发组分液体和塔底高浓度难挥发组分蒸气两者返回塔中。气液回流形成了逆流接触的气液两相，从而在塔的两端分别得到相当纯净的单组分产品。塔顶回流入塔的液体量与塔顶产品量之比，称为回流比，它是精馏操作的一个重要控制参数，它的变化影响精馏操作的分离效果和能耗。

相对应，间歇精馏操作流程与连续精馏不同之处在于：原料液一次加入精馏釜中，因而间歇精馏塔只有精馏段而无提馏段。在精馏过程中，精馏釜的釜液组成不断变化，在塔底上升蒸气量和塔顶回流液量恒定的条件下，馏出液的组成也逐渐降低。当精馏釜的釜液达到规定组成后，精馏操作即被停止。

综上所述，连续精馏的特点是：可以连续大规模生产，产品浓度、质量可以保持相对稳定，能源利用率高，操作易于控制。

二、实验目的

1. 熟悉精馏装置基本流程和操作方法。

2. 了解各种精馏过程的原理及应用范围。

三、实验原理

精馏是化工工艺过程中重要的单元操作，是化工生产中不可缺少的手段，其基本原理是因为不同液体具有挥发成蒸气的能力不尽相同，所以，混合物系的液体部分汽化所生成的气相组分与液相组分亦有所差异。利用组分的气液平衡关系、混合物之间相对挥发度的差异，将多组分液体升温部分汽化并与回流的液体接触，使易挥发组分（轻组分）逐级向上传递提高浓度；而不易挥发组分（重组分）则逐级向下传递增高浓度。若采用填料塔形式，对二元组分来说，则可在塔顶得到含量较高的轻组分产物，塔底得到含量较高的重组分产物。

四、实验设备及流程图

多功能玻璃连续精馏实验设备流程图如图 4-1 所示，实物图如图 4-2 所示。

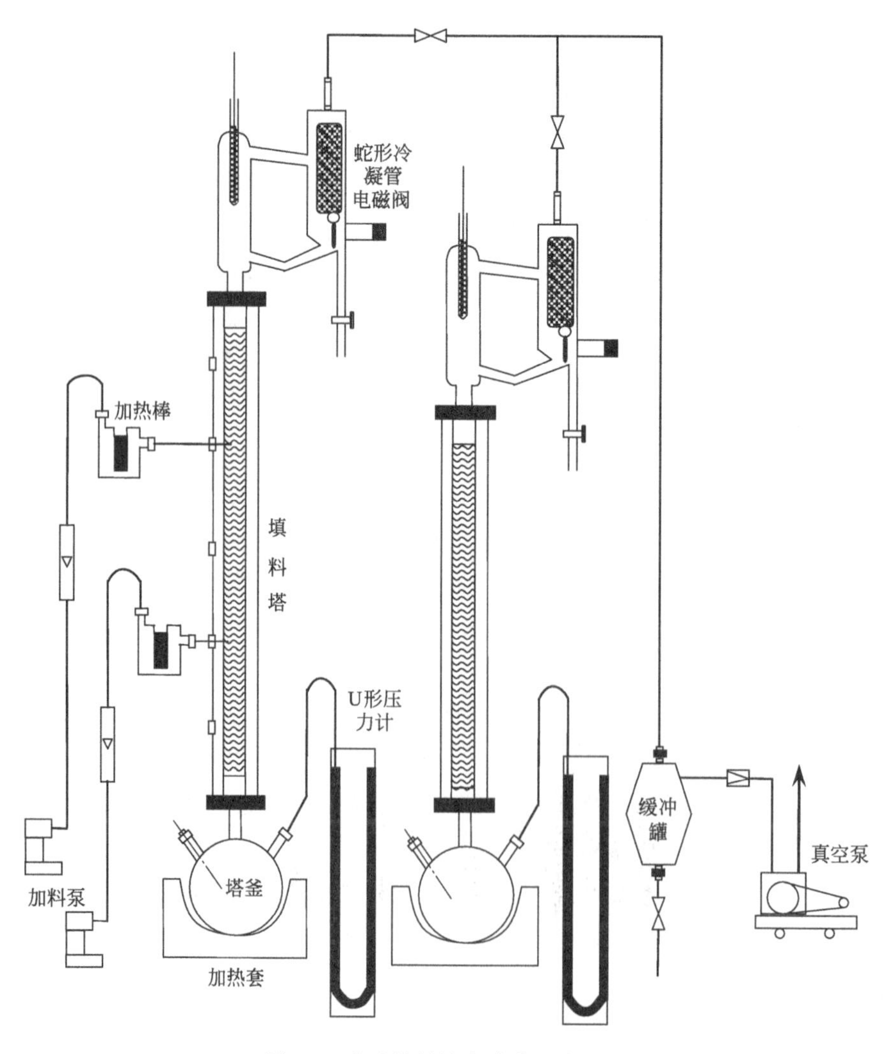

图 4-1　多功能精馏实验装置流程图

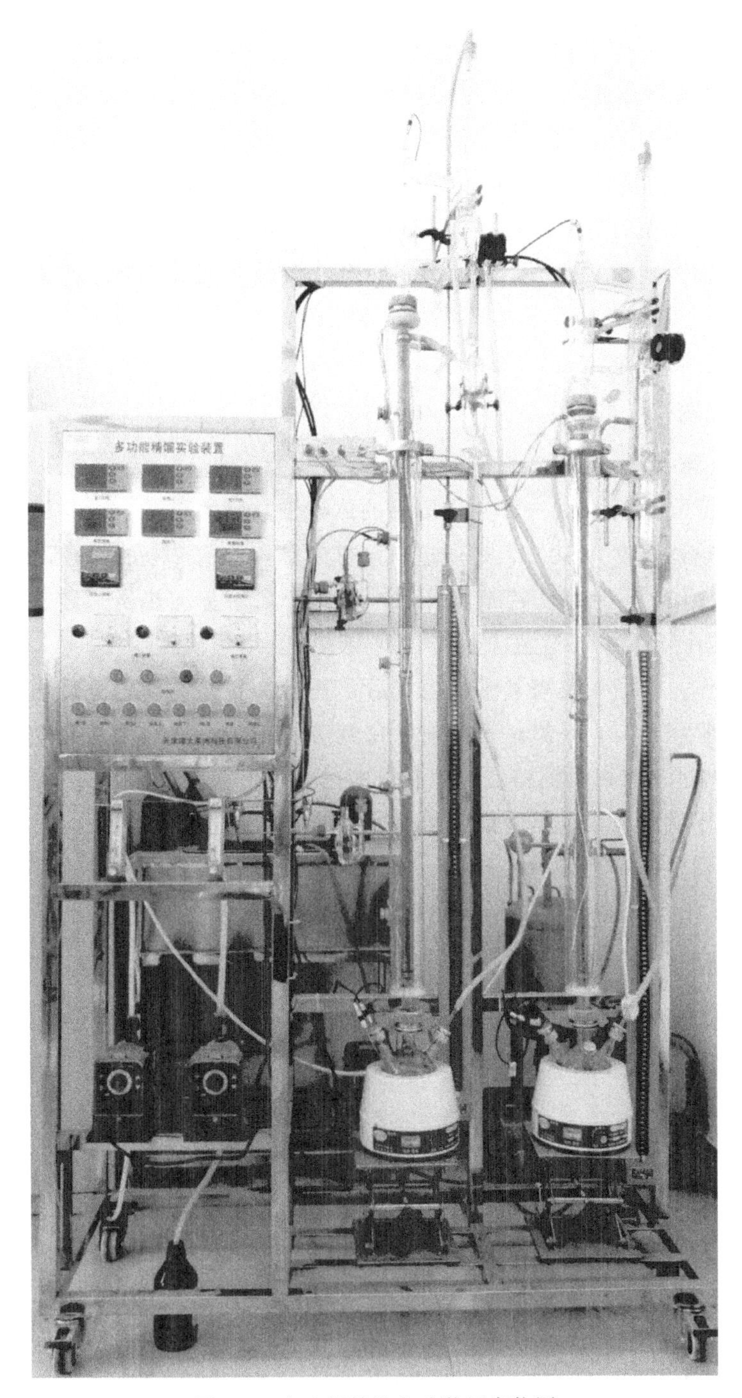

图 4-2 多功能精馏实验装置实物图

五、实验步骤及方法

1. 分离物系的确定：要选择的物系是属于理想溶液还是非理想溶液，如果是前者分离为较纯的物质，相反的只能分离为共沸组成的物质。为得到较好的资料应选择前者，仅仅为测定塔理论板数的话，最好选正庚烷-甲基环己烷、苯-四氯化碳、苯-二氯乙烷等二元标准体系。

2. 普通精馏塔可间歇操作亦可连续操作，不管哪种操作都需要一定的稳定时间，尤其是连续操作更是如此。

3. 通常，在不同的二元混合溶液精馏过程中，可定性地看出塔的效率如何。主要是在全回流条件下取塔顶产物分析，纯度越高，则效率越高，对共沸物来说，越接近共沸组成，则效率越高。

4. 作为精馏实验教学训练，选取沸点相差较大的二元混合物系为好，例如：苯-甲苯、苯-二甲苯、甲醇-乙醇、乙醇-丙醇、乙醇-丁醇、正己烷-正庚烷等。以醇类同系物为好，适于做连续精馏。

（一）普通连续精馏

实验 1　乙醇-水普通连续精馏实验

1. 配料：配制浓度 10%～30%（酒精的体积分数）的料液，测定其组成。

2. 设定预热器温度为 50℃，先用进料泵打入釜内容积 1/2 的料液，停泵。

3. 全回流操作：开启塔头冷却循环水，缓慢开启塔釜加热煲，设定塔体保温 80℃（根据实验物系适当调整），建立全回流。观察塔头及塔釜温度变化。

4. 连续操作：待塔头及塔釜温度稳定后，开启加料泵，设定流量为 100mL/h，调节回流比控制器为 3∶1，采集塔顶产物。每两分钟记录一次塔头及塔釜温度。根据塔釜剩余液量调节进料量以及回流比，控制塔的进出料平衡。

5. 待塔运行稳定后，收集采集液利用气相色谱对组分进行检测。

6. 实验结束后，停止进料泵进料，关闭塔釜加热、预热器加热及塔体保温，关闭电源。通冷却水直至塔釜温度降至常温后，关闭冷却水。

（二）反应精馏

反应精馏是将反应与分离过程结合在一起于一个装置内完成的操作过程。当反应处在非均相催化状态下时，即为催化精馏过程，两者都是反应精馏。反应精馏的特点是：

1. 简化了流程；

2. 对放热反应可有效地利用能量；

3. 对可逆反应因能实时分离产物而增加了平衡转化；

4. 对某些体系可因实时分离产物而抑制副反应；

5. 可采用低浓度原料；

6. 因反应物存在可改变系统组分的相对挥发度，能实现沸点相近或具有共沸组成的混合物之间完全分离。

反应精馏的应用：

主要用于酯化、醚化、皂化、水解、异构体分离等，如：

异丁烯＋甲醇⟶甲基叔丁基醚 或其逆反应；

醋酸＋醇类⟶醋酸酯类；

异丁烯＋水⟶叔丁醇；

氯乙醇、氯丙醇（皂化）⟶环氧乙烷、环氧氯丙烷等；

环氧乙烷＋醇⟶聚氧乙烯醚。

过程选择：

何种过程才能选用反应精馏？尚未有准确的规定，但从反应物和产物之间挥发度关系去分析考虑还是可行的。把四种物质挥发度由大到小依次写成 A_1，A_2，A_3，A_4 时：①当 $A_2+A_3 \longrightarrow A_1+A_4$，则反应物挥发度均介于生成物挥发度之间，选用反应精馏肯定有利。可使转化率超过平衡转化率，甚至达到完全转化。最有利的是能实现产物之间的分离，在塔顶或塔底得到纯品。②当 $A_1+A_2 \longrightarrow A_3+A_4$（$A_2+A_3 \longrightarrow A_1$）或 $A_3+A_4 \longrightarrow A_1+A_2$（$A_1+A_2 \longrightarrow A_3$），产物挥发度全部大于或小于反应物挥发度，则采用催化精馏才有利。③当 $A_1+A_4 \longrightarrow A_2+A_3$，则所有产物挥发度均介于反应物挥发度之间，不太适于反应精馏。④当 $A_1+A_3 \longrightarrow A_2+A_4$ 或 $A_2+A_4 \longrightarrow A_1+A_3$，则反应物和产物挥发度相同也不太适于反应精馏。⑤当 $A_1+A_2 \longrightarrow A_3 \longrightarrow A_4$ 或 $A_1+A_3 \longrightarrow A_4$，产物与反应物挥发度不同，串联反应适于反应精馏，因产物能不断地被分离可抑制副反应，提高选择性。

反应精馏存在许多复杂因素，要求温度比较缓和，要维持在塔内的各个塔板上有液体即泡点温度，靠调节压力来维持。操作条件相互影响：如进料位置、塔板数、停留时间、催化剂、原料配比、塔内结构、填料形式等都有影响。

实验2　间歇式反应精馏

1. 用量筒取 100mL 乙醇倒入蒸馏釜内。

2. 取 100mL 已配制好的含硫酸 0.3%（质量分数）的冰醋酸，将其倒入釜内。

3. 按操作程序升温。

4. 蒸气上升到塔顶时，全回流 20min 后启动回流，控制回流比为 4∶1，并开始收集出料，分析其组成。

5. 当全回流时，从侧口向上取样分析直至釜顶。

6. 停止实验，等不再有液体流回塔釜时，取塔顶流出物和塔釜内残留物称重，并分析其值。

7. 计算出转化率和收率。列出各分析资料，并画出塔填料高度与塔内组成的关系曲线。

实验3　连续反应精馏

1. 将釜内添加 150mL 已知组成的釜残液。

2. 开始升温直至塔顶有蒸气并有回流液体出现。

3. 从塔的上部侧口以 40mL/h 的速度加入已配制好的含 0.3%硫酸（质量分数）的冰醋酸原料。

4. 从塔的下部侧口以 40mL/h 的速度加入无水乙醇原料。

5. 经 15min 全回流后，开启回流操作，以回流比为 4∶1 维持出料，并稳定 1h 后分析塔顶馏出物的重量和组成。

6. 最后停止操作，取样分析计算转化率和收率。

7. 操作中可从侧口取样分析，做出填料高度与组成变化曲线分析。

用带有热导池的气相色谱仪去分析原料和产物，色谱操作条件：桥流 100mA，柱直径 3mm，长 1m，柱前压力 0.1MPa，柱温度 100℃。

（三）萃取精馏

萃取精馏是一种特殊的精馏方法。它与共沸精馏的操作很相似，但并不形成共沸物，所以比共沸精馏使用范围更大一些。它的特点是从塔顶连续加入一种高沸点添加剂（亦称萃取剂）去改变被分离组分的相对挥发度，使普通精馏方法不能分离的组分得到分离。

萃取精馏方法对相对挥发度较低的混合物来说是有效的，例如；异辛烷-甲苯混合物相对挥发度较低，用普通精馏方法不能分离出较纯的组分，当使用苯酚作萃取剂，在近塔顶处连续加入后，则改变了物系的相对挥发度，由于苯酚的挥发度很小，可和甲苯一起从塔底排出，并通过另一普通精馏塔将萃取剂分离。又例如：水-乙醇用普通精馏方法只能得到最大浓度 95.5%的共沸物乙醇，当采用乙二醇作萃取剂时能破坏共沸状态，乙二醇和水在塔底流出，则水被分离出来。再如甲醇-丙酮有共沸组成，用普通精馏方法只能得到最大浓度 87.9%的丙酮共沸物，当采用极性介质水作萃取剂时，同样能破坏共沸状态，水和甲醇在塔底流出，则甲醇被分离出来。

萃取精馏的操作条件是比较复杂的，萃取剂的用量、料液比例、进料位置、塔的高度等都有影响。可通过实验或计算得到最佳值。选萃取剂的原则有：

1. 选择性要高；
2. 用量要少；
3. 挥发度要小；
4. 容易回收；
5. 价格便宜。

实验 4　乙醇-乙二醇萃取精馏实验

以质量分数分别为 61%乙醇或 95.5%乙醇为原料，以乙二醇为萃取剂，采用连续操作法进行萃取精馏。在计量管内注入乙二醇，另一计量管内注入水-乙醇混合物液体。乙二醇加料口在上部；水-乙醇混合物进料口在下部。向釜内注入含少量水的乙二醇（大约 60mL），此后可进行升温操作。同时开预热器升温，当釜开始沸腾时，开保温电源，并开始加料。控制乙二醇的加料速度为 80mL/h，水-乙醇液与乙二醇之体积比为 1∶(2.5～3)。不断调节转子流量计的转子，使其稳定在所要求的范围。注意，用秒表定时记下计量管液面下降值以供调节流量用。

当塔顶开始有液体回流时，打开回流电源，给定回流值在 3∶1 并开始用量筒收集流出物料，同时记下开始取料时间，要随时检查进出物料的平衡情况，调整加料速度或蒸发量。此外还要调节釜液排出量，大体维持液面稳定。在操作中用微量注射器取流出物注入气相色谱仪进行分析。塔顶流出物乙醇为 97%～98.5%（质量分数），大大超过共沸组成。停止操作后，要取出塔中各部分液体进行称量，并做出物料衡算。操作中要详细记录各个条件，以便整理写出实验报告。

实验 5　甲醇-丙酮-水萃取精馏实验

以甲醇（12.2)-丙酮（87.9）共沸物或以甲醇（14.5)-丙酮（85.5）为原料，以纯水为萃取剂，进行连续萃取精馏实验。在计量管内注入甲醇-丙酮混合物液体，另一计量管内注入纯水。进水加料口在上部，进甲醇-丙酮混合物进料口在下部。向釜内注入含少量甲醇的水（大约100mL），此后可进行升温操作。同时开预热器升温，当釜开始沸腾时，开塔体保温电源，并开始加料。控制水的加料速度为180mL/h，甲醇-丙酮混合溶液与水的体积比为1∶(2～2.5)。不断调节转子流量计的转子，使其稳定在所要求的范围。注意，用秒表定时记下计量管液面下降值以供调节流量用。

当塔顶开始有液体回流时，打开回流电源，给定回流值在1∶1并开始用量筒收集流出物料，同样记下开始取料时间，要随时检查进出物料的平衡情况，调整加料速度或蒸发量。此外还要调节釜液排出量，大体维持液面稳定。在操作中用微量注射器取流出物注入气相色谱仪进行分析。塔顶流出物丙酮为95.0%～96.5%（质量分数），大大超过共沸组成。该组成对应的塔釜温度为99.8℃、塔顶温度为57.7℃。停止操作后，要取出塔中各部液体进行称量，并做出物料衡算。操作中要详细记录各个条件，以便整理写出实验报告。

如果实验有较多学时，可完成下列的条件实验：

1. 萃取剂与甲醇-丙酮液体的加料比例对萃取精馏的影响；

2. 回流比对萃取精馏的影响；

3. 甲醇-丙酮液体的浓度对萃取精馏的影响。

该实验的试剂容易获得，操作温度低，实验启动时间短，能较快达到稳定，可得到较好资料，适于进行教学实验。

(四) 共沸精馏

共沸精馏亦称恒沸精馏，它是精馏操作中的特殊方法之一。其特点是加入一种添加剂（亦称共沸剂或夹带剂）使某组分与之形成新的低沸点共沸物而提纯另一组分。但它必须有一个先决条件，一定要与某组分形成新的低沸点共沸物，否则就不是共沸精馏。对普通精馏方法不能获得纯组分，而且杂质含量又比较低的情况下，采用共沸精馏使杂质从塔顶流出是有利的。例如：乙醇-水在普通精馏塔内只能提纯至95.57%，此时是共沸组成，因为乙醇和水形成非理想溶液。当选择一种与水能形成新共沸物，并且沸点比乙醇-水共沸点还低时，就会将水分离出来，塔底流出物即无水乙醇。

共沸剂的选择要遵循下列原则：

1. 它必须与被精馏的料液至少有一个组分形成共沸物；

2. 共沸剂在共沸物中其相对含量不能多；

3. 共沸剂必须与料液中含量少的组分形成共沸物。

共沸精馏多用于醇类脱水制无水醇类，如：乙醇、丙醇、丁醇及其异构体醇类等。

实验6　乙醇-水-苯体系共沸精馏

本实验采用间歇法进行共沸精馏。取100mL含水乙醇（95.57%分析纯），另取35mL（分析纯）苯，将它们倒入釜内并开始升温。打开塔顶部排料口活塞加入部分水，使水面在冷凝液流出口处。当塔顶有液体流出时，注意观察塔头收集器内苯-水分相情况，苯层要回流至塔内。开始时苯夹带水较多，以后逐渐减少。较长期间不出现混相珠状物时，从釜底取样分析（气相色谱或折光仪），若不含苯和水时，可停止操作。若仍然有苯，但无水时，可将塔头收集器内水相放出少许，操作一定时间后，能将釜底的苯全部蒸出；若无苯但有少量水时，还要继续操作直至取样分析无水才能停止操作。

一般情况下，该实验操作时间较长，实验若操作不当，很难达到要求。

六、实验数据

精馏过程中随时记录精馏的时间、塔头以及塔釜温度、进料流量、色谱分析出料组成，填入表4-1中。

表4-1 多功能连续精馏实验数据记录表

分离组分：________ 原料组成：________

序号	时间/min	预热温度/℃	塔头温度/℃	塔釜温度/℃	进料流量/(L/h)	出料组成/%
1						
2						
3						
4						
5						
……						

检测条件：色谱柱为填充GDX-104固定相的不锈钢柱（2m，ϕ4mm）；TCD检测器；柱前压力0.10MPa；柱温100℃；检测室温度140℃；桥电流150mA；汽化室温度120℃。该色谱条件下所得物质含量与保留时间如表4-2所示。

表4-2 水-乙醇二元体系气相色谱检测物质与保留时间对应表

状态	保留时间/min	物质
液相	0.163	水
	0.237	乙醚
	0.887	乙醇

七、注意事项

1. 开启加热煲之前应把功率调到最小，开启后缓慢加大，以免烧坏加热煲。

2. 实验开始前接通冷凝水，实验结束后不要马上关闭冷凝水，应等待温度降至常温后再关闭。

3. 连续进料时，应保证原料罐中有足够的物料。

八、思考题

1. 反应精馏的原理是什么？

2. 萃取剂如何选择？

3. 最高共沸物和最低共沸物的区别是什么？

实验五 连续流动反应器中返混测定

一、实验背景

返混，又称逆向混合，是一种混合现象。狭义地理解，它指连续过程中与主流方向相反的运动所造成的物料混合。这种混合的存在，影响了沿主流方向上的浓度分布和温度分布，使浓度趋向于出口浓度。对于传质过程，这样的浓度变化使浓度推动力减小，从而减小了传递速度。对于反应过程，这样的浓度变化使反应物浓度降低，产物浓度增加，从而使主反应速度降低和串连副反应速度增加，反应选择性下降。在描述返混的模型中有两个极限的模型，即全混流模型和活塞流模型。实际返混情况与活塞流偏差不大时常采用扩散模型，与全混流有偏差时常用多级全混流模型。在化工放大过程中，应充分考虑返混程度可能引起的变化。但是，返混并不总是有害因素，例如产物具有催化作用时，平行副反应级数高于主反应时，返混在一定程度上是有利的。返混使物料在设备内的停留时间不均匀，造成停留时间的分布。不均匀流动同样会造成停留时间的分布。因此，有些研究者认为，广义地理解，返混广义地泛指不同时间进入系统的物料之间的混合，包括物料逆流动方向的流动，例如：环流和由湍流和分子扩散所造成的轴向混合，及由不均匀的速度分布所造成的短路、停滞区或“死区”、沟流等使物料在系统中的停留时间有差异的所有因素。

返混的结果是物料呈一定的停留时间分布。狭义地说，返混专指物料逆流动方向的流动和混合。返混影响系统中的温度分布和浓度分布，也影响反应过程和其他过程的结果。在化学反应工程的初创时期，曾把返混作为一种重要的反应器传递过程而进行广泛研究。其后，返混的概念亦被用于传热过程和精馏、吸收、萃取等传质分离过程的分析和研究。

在大多情况下，返混是一个不利因素，要加以限制。方法主要有横向分隔和纵向分隔。工业上横向分隔的例子较多，如用连续搅拌釜式反应器而又要限制返混时，常采用多级全混釜串联操作。当釜数足够多且在间歇搅拌釜中，反应物 A 按一级反应动力学转化为 R 时其浓度的变化可接近平推流。

在间歇搅拌釜中，反应物 A 按一级反应动力学转化为 R。每一操作周期持续 4h，其中 3h 用于反应，反应结束时的转化率为 95%，1h 用于两批反应之间的加料、卸料和清洗反应器。为了使生产连续化进行，并保持反应转化率仍为 95%，需新增一个新搅拌釜，比较：①新增搅拌釜和原搅拌釜并联操作时，其容积的变化；②新增搅拌釜和原搅拌釜串联操作时，其容积的变化。

根据间歇反应器的操作结果，计算反应速率常数为：

$$x_A = 0.95 = 1 - e^{-3k}$$

$$e^{-3k} = 0.05$$

$$k = 1\ (h^{-1})$$

新增反应釜和原釜并联操作相当于在一个大的全混釜里面反应，为达到 95%的转化率所需要反应时间：

$$x_A=1-\frac{1}{1+k\tau_{=0.95}}$$

$$\tau_{=0.95}=19\mathrm{h}$$

如物料全部通过原反应釜平均停留时间为3h，要使平均停留时间延长到19h，新增反应釜的容积应为：

$$V_{R2}=\left(\frac{19-3}{3}\right)V_{R1}=5.333V_{R1}$$

当新增反应釜和原釜串联操作时，物料通过原釜的停留时间为 $\tau_1=3\mathrm{h}$，转化率为

$$x_{A1}=1-\frac{1}{1+k\tau_1}=1-\frac{1}{1+3}=0.75$$

设新增反应釜的转化率为 x_{A2}，为使总转化率达到95%，则有

$$(1-x_{A1})(1-x_{A2})=(1-0.75)(1-x_{A2})=1-x_A=1-0.95=0.05$$

解得　$x_{A2}=0.8$

设新增反应釜的停留时间为 τ_2，则有：

$$x_{A2}=1-\frac{1}{1+k\tau_2}=1-\frac{1}{1+\tau_2}=0.8$$

解得　$\tau_2=4\mathrm{h}$

所以新增反应釜的容积为

$$V_{R2}=\frac{4}{3}V_{R1}$$

由上例可以看出，当新增反应釜和原釜并联操作时，两釜中反应物浓度都将下降到要求出口的浓度，反应速率最低，所以新增反应釜的容积较大。当新增反应釜和原釜串联操作时，相当于采取了横向分隔措施限制返混，虽然第二釜仍将在要求的出口浓度和低速率下操作，但第一釜物料的浓度和出口速率均有所提高，因此新增反应釜的容积仅为并联操作时反应釜体积的1/4。由此可见，反应器由间歇操作改为连续操作后，工程因素返混使得反应期内反应物的浓度和反应速率都会下降。此时反应器的放大不仅取决于反应的特性，更主要取决于诸如返混之类的工程因素。

多釜串联返混实验装置是测定带搅拌器的釜式反应器中物料返混情况的一种设备。通常是在固定搅拌马达转数和液体流量的条件下，加入示踪剂，由各级反应釜流出口测定示踪剂浓度随时间变化曲线，再通过数据处理得以证明返混对反应器的影响，并能通过计算机得到停留时间分布密度函数及多釜串联流动模型的关系。

二、实验目的

本实验通过三釜串联反应器中停留时间分布的测定，达到以下目的：

1. 掌握停留时间分布的测定方法。
2. 掌握如何应用停留时间分布的测定来描述反应器中的逆向混合情况。
3. 了解模型参数 n 的物理意义及计算方法。

三、实验原理

在连续流动的反应器内，不同停留时间的物料之间的混合称为返混。返混程度的大小，一般很难直接测定，通常是利用物料停留时间分布的测定来研究。然而测定不同状态的反应器内停留时间分布时，我们可以发现，相同的停留时间分布可以有不同的返混情况，即返混与停留时间分布不存在一一对应的关系，因此不能用停留时间分布的实验测定数据直接表示返混程度，而要借助于反应器数学模型来间接表达。

物料在反应器内的停留时间完全是一个随机过程，必须用概率分布方法来定量描述。所用的概率分布函数为停留时间分布密度函数 $f(t)$ 和停留时间分布函数 $F(t)$。停留时间分布密度函数 $f(t)$ 的物理意义是：同时进入的 N 个流体粒子中，停留时间介于 t 到 $t+\mathrm{d}t$ 间的流体粒子所占的分数 $\mathrm{d}N/N$ 为 $f(t)\mathrm{d}t$。停留时间分布函数 $F(t)$ 的物理意义是：流过系统的物料中停留时间小于 t 的物料的分数。

停留时间分布的测定方法有脉冲法、阶跃法等，常用的是脉冲法。当系统达到稳定后，在系统的入口处瞬间注入一定量 Q 的示踪物料，同时开始在出口流体中检测示踪物料的浓度变化。

由停留时间分布密度函数的物理含义，可知

$$f(t)\mathrm{d}t = VC(t)\mathrm{d}t/Q \tag{5-1}$$

$$Q = \int_0^{\infty} VC(t)\mathrm{d}t \tag{5-2}$$

所以

$$f(t) = \frac{VC(t)}{\int_0^{\infty} VC(t)\mathrm{d}t} = \frac{C(t)}{\int_0^{\infty} C(t)\mathrm{d}t} \tag{5-3}$$

由此可见 $f(t)$ 与示踪剂浓度 $C(t)$ 成正比。因此，本实验中用水作为连续流动的物料，以饱和 KCl 作为示踪剂，在反应器出口处检测溶液电导值。在一定范围内，KCl 浓度与电导值成正比，则可用电导值来表达物料的停留时间变化关系，即 $f(t)\propto L(t)$，这里 $L(t)=L_t-L_{\infty}$，L_t 为 t 时刻的电导值，L_{∞} 为无示踪剂时电导值。

停留时间分布密度函数 $f(t)$ 在概率论中有两个特征值，平均停留时间（数学期望）$\bar{t}$ 和方差 σ_t^2。

$\bar{t}$ 的表达式为：

$$\bar{t} = \int_0^{\infty} tf(t)\mathrm{d}t = \frac{\int_0^{\infty} tC(t)\mathrm{d}t}{\int_0^{\infty} C(t)\mathrm{d}t} \tag{5-4}$$

采用离散形式表达，并取相同时间间隔 Δt，则：

$$\bar{t} = \frac{\sum tC(t)\Delta t}{\sum C(t)\Delta t} = \frac{\sum tL(t)}{\sum L(t)} \tag{5-5}$$

σ_t^2 的表达式为：

$$\sigma_t^2 = \int_0^{\infty} (t-\bar{t})^2 f(t)\mathrm{d}t = \int_0^{\infty} t^2 f(t)\mathrm{d}t - \bar{t}^2 \tag{5-6}$$

也用离散形式表达，并取相同 Δt，则：

$$\sigma_t^2 = \frac{\sum t^2 C(t)}{\sum C(t)} - (\bar{t})^2 = \frac{\sum t^2 L(t)}{\sum L(t)} - \bar{t}^2 \tag{5-7}$$

若用无量纲对比时间 θ 来表示，即 $\theta = t/\bar{t}$，无量纲方差 $\sigma_\theta^2 = \sigma_t^2/\bar{t}^2$。

在测定了一个系统的停留时间分布后，如何来评价其返混程度，则需要用反应器模型来描述，这里我们采用的是多釜串联反应器。

所谓多釜串联模型是将一个实际反应器中的返混情况作为与若干个全混釜串联时的返混程度等效。这里的若干个全混釜个数 n 是虚拟值，并不代表反应器个数，n 称为模型参数。多釜串联模型假定每个反应器为全混釜，反应器之间无返混，每个全混釜体积相同，则可以推导得到多釜串联反应器的停留时间分布函数关系，并得到无量纲方差 σ_θ^2 与模型参数 n 存在关系为

$$n = \frac{1}{\sigma_\theta^2} \tag{5-8}$$

当 $n=1$，$\sigma_\theta^2=1$，为全混釜特征；

当 $n \to \infty$，$\sigma_\theta^2 \to 0$，为平推流特征；

这里 n 是模型参数，是个虚拟釜数，并不限于整数。

式(5-1)～式(5-8) 中，$C(t)$ 为 t 时刻反应器内示踪剂浓度；$f(t)$ 为停留时间分布密度；$L(t)$ 为液体的电导值；n 为模型参数；t 为时间；V 为液体体积流量；$\bar{t}$ 为数学期望，或平均停留时间；σ_t^2，σ_θ^2 为方差。

四、实验设备及流程图

连续流动反应器实验设备流程图如图 5-1 所示，实物图如图 5-2 所示，为三釜串联系统。三釜串联反应器中每个釜的体积为 1L；用调速装置调速。实验时，水经转子流量计进入系统。稳定后在第 1 釜上部由计算机控制电磁阀注入示踪剂（饱和的 KBr 溶液），由每个反应釜出口处电导电极检测示踪剂浓度变化，由计算机进行数据采集并储存。

五、实验步骤及方法

1. 通电，开启电源开关。
2. 开计算机，进入数据采集与分析处理系统。
3. 通水，开启水开关，让水注满反应釜，调节进水流量为 20L/h，保持流量稳定。
4. 开动搅拌装置，转速应大于 300r/min。
5. 待系统稳定后，迅速注入示踪剂，在计算机上开始数据采集。
6. 当计算机上显示的浓度在 2min 内觉察不到变化时，即认为终点已到。
7. 关闭仪器、电源、水源，排清釜中料液，实验结束。

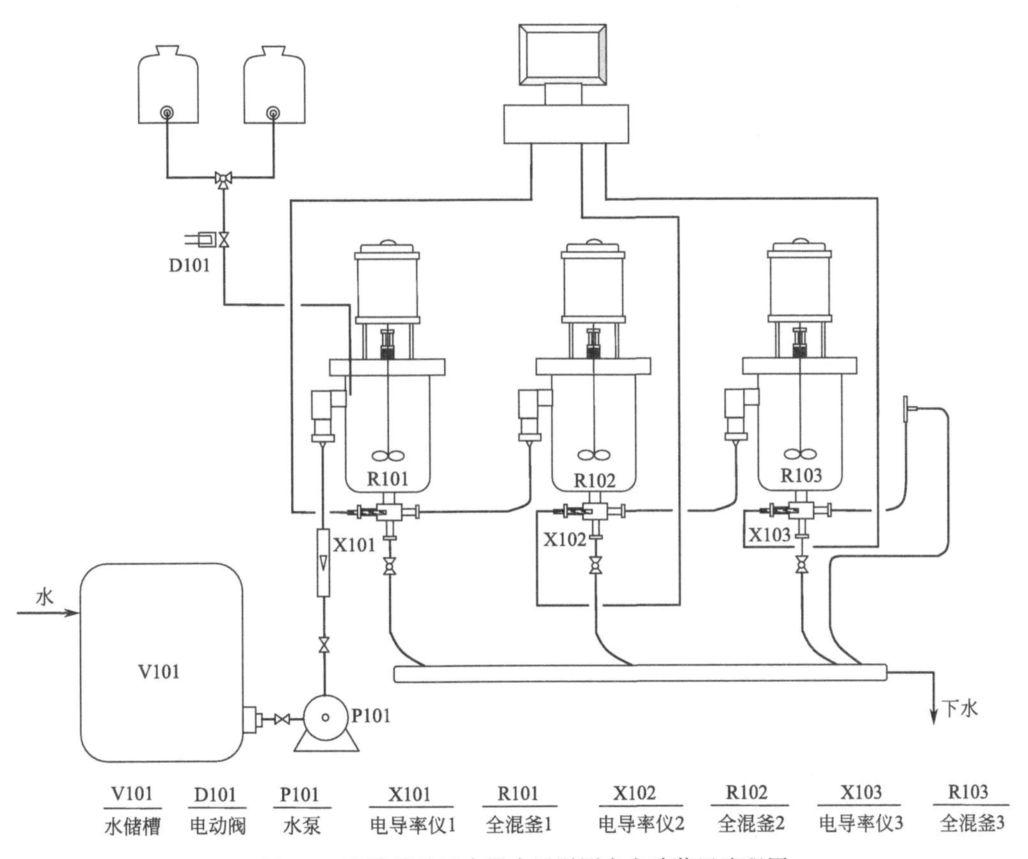

图 5-1　连续流动反应器中返混测定实验装置流程图

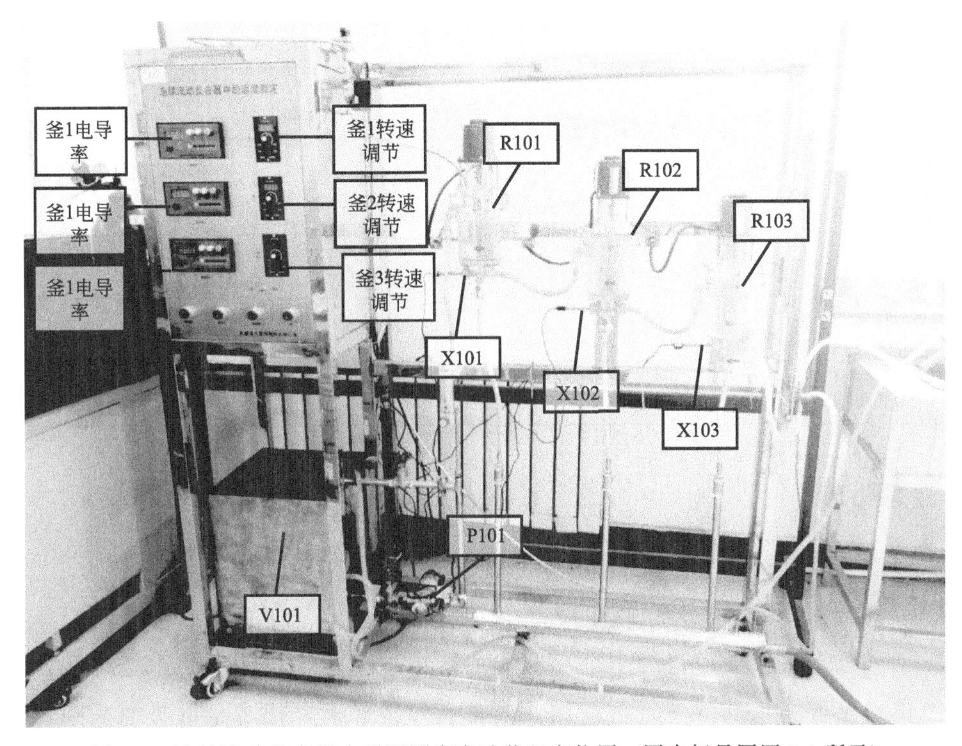

图 5-2　连续流动反应器中返混测定实验装置实物图（图中标号同图 5-1 所示）

六、实验数据

这里需要得到的物理量为电导值 L（对应了示踪剂浓度的变化）和测定的时间。然后用离散化方法，在曲线上相同时间间隔取点，一般可取 20 个数据点左右，再由公式(5-5)，式(5-7) 分别计算出各自的 $\bar{t}$ 和 σ_t^2，及无量纲方差 $\sigma_\theta^2=\sigma_t^2/\bar{t}^2$。通过多釜串联模型，利用公式(5-8) 求出相应的模型参数 n，随后根据 n 的数值大小，就可确定系统的返混程度大小。

若采用微机数据采集与分析处理系统，则可直接由电导率仪输出信号至计算机，由计算机负责数据采集与分析，在显示器上画出停留时间分布动态曲线图，并在实验结束后自动计算平均停留时间、方差和模型参数。停留时间分布曲线图与相应数据均可方便地保存或打印输出，减少了手工计算的工作量。最后做出表 5-1 和表 5-2 所示的数据记录表。

表 5-1　连续流动反应器中返混测定数据记录表

时间/s	电导率 1/(μS/cm)	电导率 2/(μS/cm)	电导率 3/(μS/cm)

表 5-2　连续流动反应器中返混测定结果

反应釜	起始时间/s	终止时间/s	起始电导率/(μS/cm)	终止电导率/(μS/cm)	平均停留时间/s	方差/s^2	n
1							
2							
3							

七、注意事项

1. 整个实验过程中要注意控制流量和转速的稳定。

2. 示踪剂 KCl 要一次性迅速注入。

3. 一旦实验失败，应该等三个反应釜内的电导率值全部走平后（此时示踪剂可认为全部走出了三个反应釜）再重做，或在老师指导下，把水全部排放后换成清水后重新实验。

八、思考题

1. 计算出三釜与管式反应器系统的平均停留时间 $\bar{t}$，并与理论值比较，分析偏差原因？

2. 如何利用已知数据计算模型参数 n？

3. 如何限制返混或加大返混程度？

实验六 计算机控制填料塔返混性能实验

一、实验背景

流体在填料塔内流动时，由于受到流体的黏度、分子扩散、涡流扩散、流体间相互作用力、流体间的密度差、流体在塔内的不良分布及流体与塔内部件间相互作用的影响，使其流动偏离活塞流流动，这种流动行为通常称为返混，包括轴向返混和径向返混。可见，由于返混现象的存在，引起传质推动力（即浓度梯度）的下降，降低了传质效率，增加了填料层高度，导致填料塔的设备费用增加，对填料塔的分离效率有明显的不利影响，所以很多学者致力于填料塔的液相轴向返混特性的研究，在数学模型、研究方法和返混参数估算等方面发表了相当多的文章。

用来描述流体返混的一个重要工具就是所谓的停留时间分布（RTD）函数。停留时间分布函数 $E(t)$ 定义为体系流出物种停留时间小于 t 的流体所占的分数，即

$$E(t)\mathrm{d}t=[\text{流出物中停留时间在}(0,t)\text{的流体所占的分数}]$$

停留时间分布函数常用示踪响应技术来确定，在过去几十年中，许多学者对填料塔床层内气、液相流体的轴向返混特性进行了大量的研究，在实验测试方法上均采用了动力学响应技术，绝大多数学者都是用扩散模型来模拟停留时间分布曲线，从而来求算返混数据。

二、实验目的

1. 了解填料塔的构造与操作，并观察填料塔中的气液逆流流动情况。
2. 测定填料塔中流体力学特性（压降-气速-喷淋密度关系、液泛速度等）。

三、实验原理

描述返混的数学模型很多，较简单实用的是一维扩散模型。一维扩散的数学表达式：

$$\frac{1}{Pe}\times\frac{\partial^2 c}{\partial z}-\frac{\partial c}{\partial z}=\frac{\partial c}{\partial \theta} \tag{6-1}$$

$$Pe=\frac{UH}{Dax}$$

式中，Pe 为彼克列数，描述返混程度的模型参数。对式(6-1) 进行求解。

定解条件：实验采用脉冲法加入示踪剂，在流体出口处测定示踪剂浓度，列出如下定解条件：

取 $c=f(z,\ \theta)$

初始条件：$c(z,\ 0)=0$

边界条件：$c(0,\ \theta)=c_1(\theta)$

$c(\infty,\ \theta)=$有限量

用 Laplace 变换解得：

$$c(\theta)=\left(\frac{Pe}{2\pi\theta^3}\right)\exp\left[-\frac{Pe}{4\theta}(1-\theta)^2\right] \tag{6-2}$$

估计模型参数 Pe：估计的方法有多种，如矩量法、传递函数法、拟合法等。本实验采用矩量法，需用到如下两个定义：

1. 浓度 $c(t)$ 的一阶原点矩：

$$M_1=\frac{\int_0^{\infty}c(t)t\,\mathrm{d}t}{\int_0^{\infty}c(t)\,\mathrm{d}t}=\hat{t} \tag{6-3}$$

2. 浓度 $c(t)$ 的二阶中心矩：

$$M_2=\frac{\int_0^{\infty}c(t)(t-\hat{t})\,\mathrm{d}t}{\int_0^{\infty}c(t)\,\mathrm{d}t}=\frac{\int_0^{\infty}c(t)t^2\,\mathrm{d}t}{\int_0^{\infty}c(t)\,\mathrm{d}t}-\hat{t}^2=\theta_t^2 \tag{6-4}$$

式中　$\hat{t}$——数学期望；

θ_t^2——方差或称散度。

由式(6-3) 和式(6-4)，可导出如下方程：

$$\theta_\theta^2=\frac{\theta_t^2}{\hat{t}^2}=\frac{2}{Pe}-2\left(\frac{1}{Pe}\right)^2(1-\theta^{Pe}) \tag{6-5}$$

实验测得 $c(t)$ 与 t 的关系数据，由式(6-3) 求得 $\hat{t}$，由式(6-4) 求得 θ_t^2，通过式(6-5) 求得 Pe 的值。

四、实验设备及流程图

(一) 实验设备及流程

计算机控制填料塔返混性能测定实验设备流程图如图 6-1 所示，实物图如图 6-2 所示。

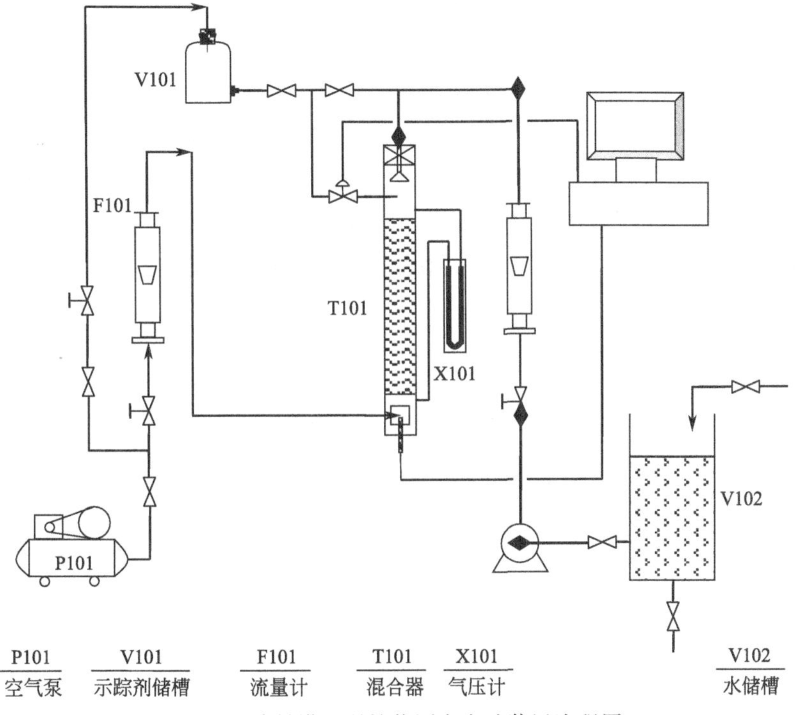

图 6-1　填料塔返混性能测定实验装置流程图

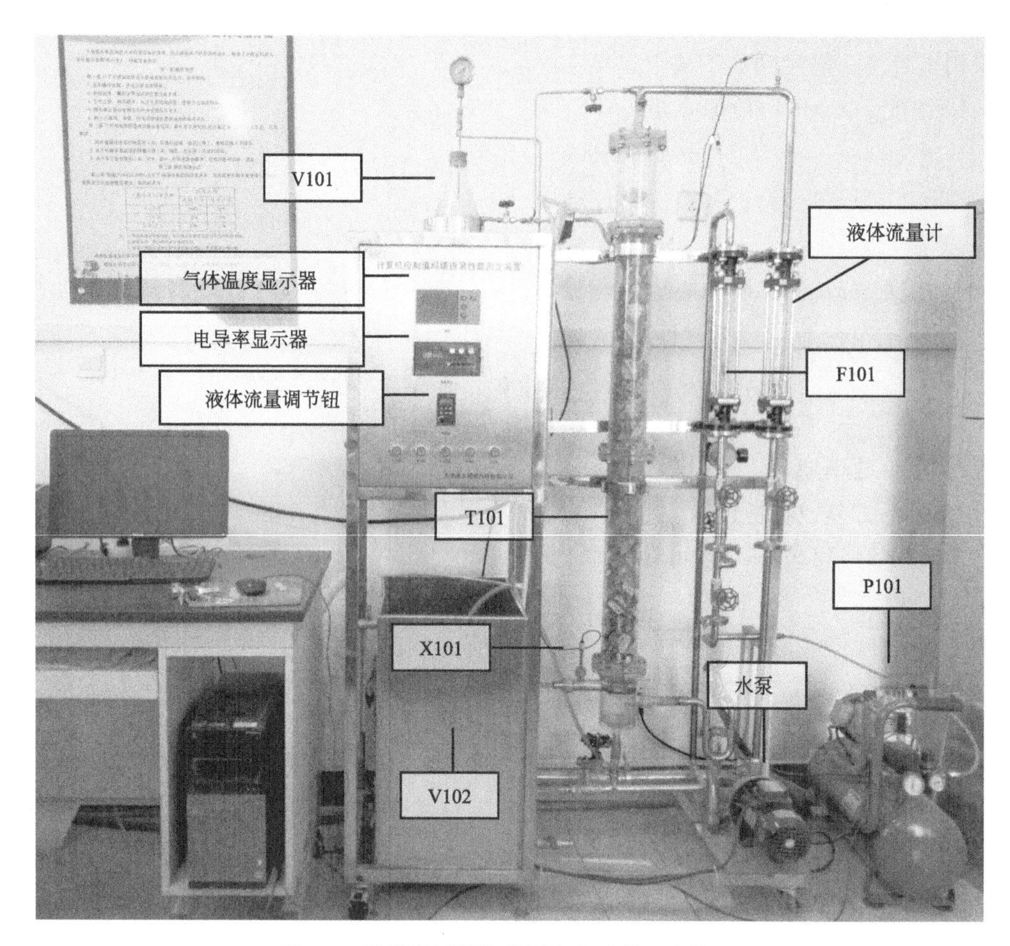

图 6-2　填料塔返混性能测定实验装置实物图

空气由空气压缩机经转子流量计进入混合器。

CO_2 气体由 CO_2 钢瓶经减压阀、转子流量计进入混合器与空气混合。由填料吸收塔底部进入吸收塔。气体在塔中上升，CO_2 被吸收，尾气经吸收塔上部管道排出室外。

自来水经水槽由水泵送入转子流量计进入填料吸收塔塔顶，经喷头洒在填料表面，与混合气接触而吸收气体中的 CO_2，所得稀 CO_2 水溶液经液封管流入储罐。

（二）装置参数

装置参数如表 6-1 所示。

表 6-1　部分设备参数

	名称	参数	数量
装置	电导率仪	配电极	1
	空气压缩机	BX-2025	1
	离心泵	1.2～4.8m^3/h	1
	减压阀	DN15	1
	有机玻璃填料塔	100mm×5mm×1200mm	1

五、实验步骤及方法

（一）准备工作

1. 仪表柜接通电源。按面板上总电源开关，再分别按下电导率仪、泵、测温表的开关，使各仪表接通电源并有显示。

2. 打开塔底出水阀门，将塔下端排水管引入下水道。

3. 在水槽内注满自来水。

4. 将空压机排气口与装置进气口连接牢固。

5. 加装示踪剂。将预先配制好的饱和 KBr 溶液加入示踪剂罐内，并压紧上盖。

6. 将电脑与装置连接好，启动控制程序，显示操作界面。

7. 启动空压机。将空压机接通电源（220V，50Hz），空压机开始运转，调节阀门 T109，使空气转子流量计流量处于约 $3m^3/h$。

8. 启动水泵。按变频器的“RUN”键，启动水泵，调节阀门 T104，使转子流量计流量处于约 100L/h，约 20min，以使填料表面充分润湿。

9. 示踪剂罐内充压。关闭阀门 J105，用调节减压器，使示踪剂罐内压力为 0.02MPa。注意压力不得超过 0.05MPa。

10. 示踪剂充满管路。意在充满阀 J106 到电磁阀 D107 之间的管路。操作方法为在 BYCIC 软件的“实时采集”界面中，调节阀开时间为 2～3s，按下“开始实验”按钮，观察计算机屏幕，若有峰形出现即可。若无，重复此操作。

（二）实验操作

1. 操作条件

① 固定空气的流量为 $3m^3/h$。

② 改变水流量分别为 50L/h、100L/h、150L/h、200L/h、250L/h。

③ 每组操作条件下，获得一个彼克列数 Pe 值。具体组合操作如表 6-2 所示。

表 6-2　各操作条件下所得 Pe 值汇总表

空气流量/(m^3/h)	3	3	3	3	3
水流量/(L/h)	50	100	150	200	250
Pe	Pe_1	Pe_2	Pe_3	Pe_4	Pe_5

2. 具体操作如下

① 固定气体流量。调节阀 T109 使浮子处于 $3m^3/h$ 位置。

② 调节水流量。调节阀 T104 使浮子处于 100L/h 位置，稳定运转 10min。

③ 输入实验条件。于 BYCIC 软件的工艺流程界面的相应位置输入水和空气流量、水和空气温度及塔差压（H_2OkPa）。

④ 注入示踪计。于 BYCIC 软件实时采集界面中，调节阀开时间为 1s（需经实验确定），按“开始实验”按钮。此时，电导率仪显示将发生变化，同时计算机屏幕上将随塔出口处 KBr 浓度变化而画出一条浓度随时间变化的曲线。

⑤ 采集数据时间。一般不大于 10min，到达预定时间，按“STOP”按钮结束，并按“保存”按钮保存数据。此次取样完毕。

⑥ 数据处理。于 BYCIC 软件历史记录界面中，打开相应文件，按“开始计算”按钮，确定边界后，即可得出 Pe 值，并可打印曲线、数据或结果。

按①～⑥的步骤进行其他条件实验，如果时间允许，每组数据可重复一次。在装置允许的范围内，还可以设计其他条件的实验。

六、实验数据

运用仿真软件，绘制出电导率-时间关系曲线，并算出 Pe 值。表 6-3 为填料塔返混测定数据记录表，表 6-4 为填料塔返混测定结果。

表 6-3　填料塔返混测定数据记录表

时间/s	电导率 1/(μS/cm)	电导率 2/(μS/cm)	电导率 3/(μS/cm)

表 6-4　填料塔返混测定结果

反应釜	起始时间/s	终止时间/s	起始电导率/(μS/cm)	终止电导率/(μS/cm)	平均停留时间/s	方差/s^2	Pe
1							
2							
3							

七、注意事项

1. 实验过程中，要注意各操作数据的稳定情况（如空气流量、CO_2 流量、水流量等）出现波动时应及时调节。

2. 实验过程中，要保证塔底有液封，气体不能从液封管排出。当泛塔时，可以将液封管提高，以维持液封。但又要防止液位过高，使液体流入气体系统内。

3. 实验过程中，要注意观察水槽的液位，以防止水泵将水抽空或水从水槽中溢出。

八、思考题

1. 水的流量变化会对 Pe 产生什么样的影响？

2. 如何运用其他计算软件（如 Origin 和 Excel）计算 Pe 值？

实验七 液液传质系数的测定

一、实验背景

萃取是化工分离中常用的技术手段，萃取过程主要有分散、传质（扩散）和聚合3个阶段。分散是两相混合的过程，就是使一相在另一相中分散成微小的液滴，液滴平均直径越小，能够提供的传质表面积越大。物质从一相转移到另一相的过程称为传质过程。由于这种物质在相际间的传递是遵循扩散基本规律的，所以又称为扩散。

扩散由以下三个具体阶段组成：

1. 物质从一相主体转移到两相界面的一侧；
2. 物质从界面的一侧转移另一相的一侧，并发生相应的物理化学变化；
3. 物质从另一相界面一侧转移到该相的主体中。

从传质角度来考虑，可以把上面三个阶段概括成为两种情况：①物质在一相内部的传递——单相中物质的扩散；②两相界面上发生的传递——相际间传质。

一般来说传质表面积越大越有利于相际间传质。但是，传质过程除了受传质表面积影响外，还受传质系数的影响。一般来说，传质表面积可以通过控制液滴尺度、混合器（萃取器）形状和尺寸、液滴物理状态等手段得以改善，但是由于液液传质过程的复杂性，许多问题还没有得到满意的答案，很多工程问题不得不借助于实验的方法来加以验证和处理，如通过实验方法模拟工程建设中液体-液体的状态来测定液液传质系数，进而对工程建设进行指导。

传质过程的特点是物质传递，这种传递通常是由一个相向另一个相进行的，因此，对于传质过程来说具有两个相是该过程的共同特征。在某一浓度与平衡浓度之间的浓度差，是传质过程的推动力。当达到平衡浓度时，传质过程停止。因此，传质过程的极限状态是系统达到平衡。

在计算吸收、萃取过程中极限平衡状态下的关系可参考其他手册中的《溶解度手册》或《平衡手册》。

传质过程物料衡算的原则如下：一个相内组分数量的变化等于在另一相中该组分数量的变化，即：$-G\mathrm{d}y=L\mathrm{d}x$。

如果在传质过程中，被处理的物料的流量 G 和 L 都保持不变，那么以规定的浓度为上限对上式进行积分，就能获得一根通过两点的直线方程。

上述式子称为过程的操作线方程式。

结合运用平衡方程式和操作线方程式，就能得出在规定条件下进行该过程所需的理论接触级数。理论接触级数的真正数目只有在考虑到过程动力学的情况下才能求得。传质过程的动力学能确定在规定的条件下该过程进行的速度。动力学方程式表示过程的推动力与被传递的物质数量之间的关系。

当被传递的物质数量以扩散流的形式表示，即用单位时间内从单位表面积上传递出的物质数量表示时，可以获得动力学方程式的一般形式：

$$q_n = G_a / F_\tau = f(\Delta x)$$

将函数形式展开，便可完成动力学计算的任务。

扩散流与过程的推动力之间的关系通常是通过一种比例系数，即所谓传质系数 K 来加以确定的，即：

$$q_n = K\Delta x$$

根据过程的推动力是按照哪一项来表示的，可以得到相应的传质系数，它们分别为：

$$q_n = K_{ey}(\Delta x)_{平均}$$

$$q_n = K_{ex}(\Delta x)_{平均}$$

传质过程推动力的平均值 $(\Delta x)_{平均}$，可按照对数平均规律（当平衡线和操作线都是直线时），或者通过图解积分来求得。

目前，传质过程计算的基本任务在于求出动力学方程式中的比例系数或传质系数。

传质系数首先取决于在这种或那种设备结构内所形成的流体动力学状况以及所处理物料的物理性质，也取决于过程的宏观和微观的特性。这个问题与进行传质过程的扩散设备的基本结构特点的讨论是直接相关的。

各种扩散设备效率的比较，应该同时考虑到它们的扩散和流体动力学特性的基础上进行。以设备的单位体积为基准的产品产量，可以作为进行这种比较的单位。

二、实验目的

1. 掌握用刘易斯池测定液液传质系数的实验方法。
2. 测定醋酸在水与醋酸乙酯中的传质系数。
3. 探讨流动情况、物系性质对液液界面传质的影响和机理。

三、实验原理

近几十年来，人们虽已对两相接触界面的动力学状态、物质通过界面的传递机理和相界面对传递过程的阻力等问题进行了研究，但由于液液间传质过程的复杂性，许多问题还没有得到满意的解答，有些工程问题不得不借助于实验的方法或凭经验进行处理。

工业设备中，常将一种液相以液滴状分散于另一液相中进行萃取。但当流体流经填料、筛板等内部构件时，会引起两相高度的分散和强烈的湍动，传质过程和分子扩散变得复杂，再加上液滴的凝聚与分散，流体的轴向返混等影响传质速率的主要因素，如两相实验接触面积、传质推动力都难以确定。因此，在实验研究中，常将过程进行分解，采用理想化和模拟的方法进行处理。1954 年刘易斯提出用一个恒定界面的容器研究液液传质的方法。它能在给定界面面积的情况下，分别控制两相的搅拌强度，以造成一个相内全混、界面无返混的理想流动状况，因而不仅明显地改善了设备内流体力学条件及相际接触状况，而且不存在因液滴的形成与凝聚而造成端效应的麻烦。本实验即采用改进型的刘易斯池进行实验。由于刘易斯池具有恒定界面的特点，当实验在给定搅拌速度及恒定的温度下，测定两相浓度随时间的变化关系，就可借助物料衡算及速率方程获得传质系数。

$$-\frac{V_{w}dC_{w}}{Adt}=\frac{V_{o}dC_{o}}{Adt}=K_{w}(C_{w}-C_{w}^{*})=K_{o}(C_{o}^{*}-C_{o}) \tag{7-1}$$

式中　V_w，V_o——t 时刻水相和有机相的体积，如共加入 300mL 的有机相，每次取出约 2mL 进行滴定，所以可依次计算出对应时间的有机相的体积；

A——界面面积＝界面小孔的面积×小孔个数；

K_w，K_o——以水相浓度和有机相浓度表示的总传质系数；

C_w^*——与有机相浓度成平衡的水相浓度；

C_o^*——与水相浓度成平衡的有机相浓度。

若平衡分配系数能近似取常数，则

$$C_{w}^{*}=\frac{C_{o}}{m},\quad C_{o}=mC_{w} \tag{7-2}$$

式(7-1) 中的 dC/dt 的值，可将实验数据进行拟合，然后求导得到。

若将系统达到平衡时的水相浓度 C_w^e 和有机相浓度 C_o^e 替换式(7-1) 中的 C_w^* 和 C_o^*，则对 (7-1) 式积分可推出：

$$K_{w}=\frac{V_{w}}{At}\int_{C_{w}(0)}^{C_{w}(t)}\frac{dC_{w}}{C_{w}^{e}-C_{w}}=\frac{V_{w}}{At}\ln\frac{C_{w}^{e}-C_{w}(t)}{C_{w}^{e}-C_{w}(0)} \tag{7-3}$$

$$K_{o}=\frac{V_{o}}{At}\int_{C_{o}(0)}^{C_{o}(t)}\frac{dC_{o}}{C_{o}^{e}-C_{o}}=\frac{V_{o}}{At}\ln\frac{C_{o}^{e}-C_{o}(t)}{C_{o}^{e}-C_{o}(0)} \tag{7-4}$$

以 $\ln\frac{C^{e}-C(t)}{C^{e}-C(0)}$ 对 t 做图从斜率也可获得传质系数。

求得传质系数后，就可讨论流动情况、物系性质等对传质速率的影响。由于液液相际的传质远比气液相际的传质复杂，若用双膜模型处理液液相间传质，可假定：①界面是静止不动的，在相界面上没有传质阻力，而且两相呈平衡状态；②紧靠界面两侧是两层滞流液膜；③传质阻力是由界面两侧的两层阻力叠加而成；④溶质靠分子扩散进行传递。但结果常出现较大的偏差，这是由于实际上相界面往往是不平静的，除了主流体中的旋涡分量时常会冲到界面上外，有时还因为流体流动的不稳定，界面本身也会产生扰动而使传质速率增加好多倍。另外有微量的表面活性物质的存在又可使传质速率减少。

四、实验设备及流程图

（一）实验装置

液液传质系数装置示意图如图 7-1 所示，实物图如图 7-2 所示。实验所用的刘易斯池，是由一段内径为 0.1m、高为 0.12m 的玻璃圆筒构成。池内体积约为 900mL，用不锈钢制成的界面环（环中均匀分布小孔），把池隔成大致等体积的两隔室。每隔室的中间部位装有互相独立的两叶搅拌桨，在搅拌桨的四周各装设六叶垂直挡板，其作用在于防止在较高的搅拌强度下造成界面的扰动。两搅拌桨分别由两个直流电机通过皮带轮驱动。另设有可控温型磁力搅拌器以调节和控制池内两相的温度。

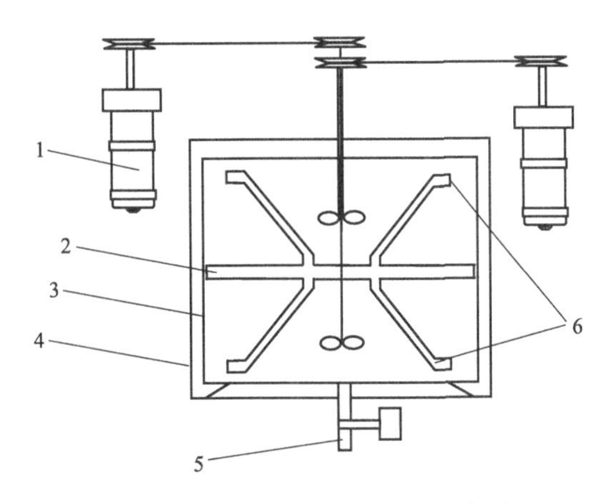

图 7-1　液液传质系数装置示意图

1—电机；2—界面环；3—烧杯；4—恒温烧杯；5—排出口；6—上、下挡板

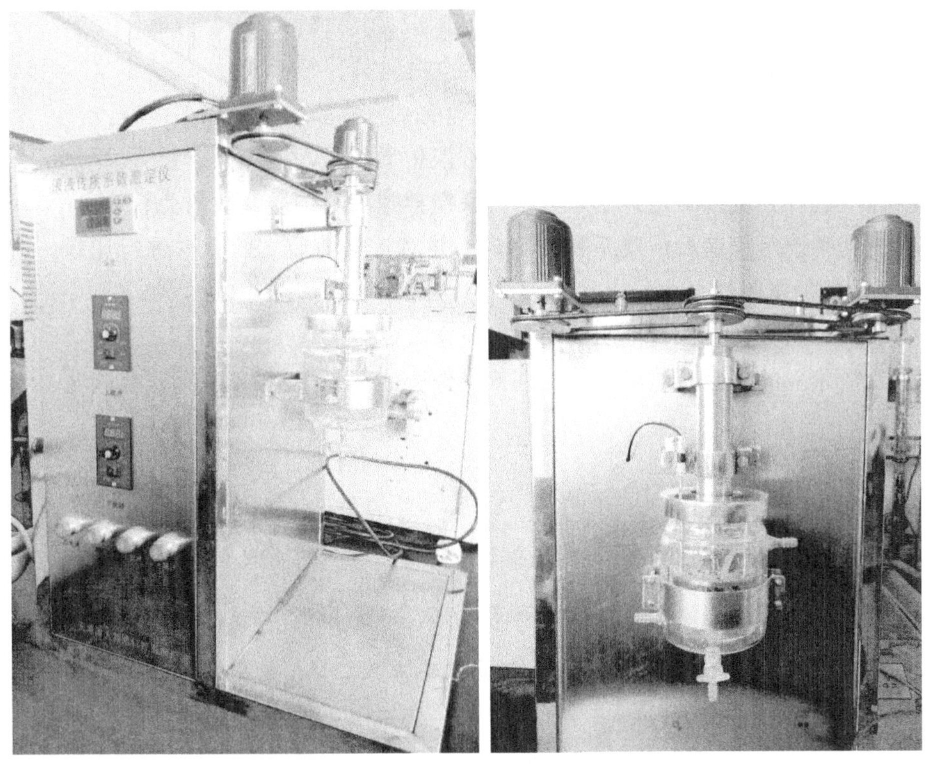

(a) 侧视图　　(b) 正视图

图 7-2　液液传质系数装置实物图

（二）试剂

试剂为蒸馏水、乙酸乙酯、醋酸。

五、实验步骤及方法

1. 装置在安装前，先用丙酮清洗池内各个部位，以防表面活性剂污染。

2. 按图将各部件组装好，将水槽内温度调整到实验所需温度。

3. 先将蒸馏水加入池内，利用升降台调整池的位置，使界面环中心线的位置与液面重合，缓慢加入乙酸乙酯。

4. 启动搅拌桨，调至所需转速进行搅拌约 30min，使两相相互饱和，然后由高位槽加入一定量的醋酸。因溶质传递是从不平衡到平衡的过程，所以当溶质加完后就应开始计时。

5. 各相浓度按一定的时间间隔同时取样分析，开始应 3～5min 取样一次，以后可延长时间间隔，当取了 8～10 个点的实验数据后，实验结束。

6. 按照步骤 5 的实验操作步骤，分别同时从乙酸乙酯和水相中准确移取 2mL 样品置于 250mL 的锥形瓶中，加入 25mL 水稀释样品后，滴加 1 滴酚酞指示剂，用氢氧化钠标准溶液滴定至终点（滴定过程中，氢氧化钠溶液的体积要记录到小数点后 2 位，滴定管不用调零，滴定终点为 30s 不变色。）。

7. 持续取样至前后两次样品所消耗氢氧化钠的体积数基本不变。

8. 停止搅拌，放出池中液体，洗净待用。

9. 分别取 25mL 水和 25mL 乙酸乙酯做空白实验。

10. 以醋酸为溶质，由一相向另一相传递的萃取实验可进行以下内容：

① 测定各相浓度随时间的变化关系，求取传质系数。

② 改变搅拌强度，测定传质系数，关联搅拌速度与传质系数的关系数。

③ 进行系统污染前后传质系数的测定，并对污染前后实验数据进行比较，解释系统污染对传质的影响。

④ 改变传质方向，探讨界面湍动对传质系数的影响程度。

⑤ 改变相应的实验参数或条件，重复操作。

六、实验数据

（一）实验数据记录

表 7-1 为液液传质系数测定原始数据记录表。

表 7-1　液液传质系数测定原始数据记录表

温度：______℃　　　压力：______ MPa

转速/(r/min)	轻组分/%			重组分/%		
	水	酯	酸	水	酯	酸
95						
130						

（二）分析条件

色谱分析，热导池检测器，色谱柱采用 GDX-102 载癸二酸。

条件　汽化室：150℃，柱温：150℃，桥流：150mA。

出峰顺序：水→乙酸乙酯→乙酸。

（三）基本物性数据

本实验所用物质体系为水-醋酸-乙酸乙酯，相关物性数据如表 7-2 所示，相关平衡数据如表 7-3 所示。

表 7-2　纯物质物性数据

物质	黏度$\times10^5\mu$/Pa·s	表面张力 σ/(N/m)	密度 ρ/(g/L)	扩散系数 $D\times10^5$/(m²/s)
水	100.42	72.67	997.1	1.346
醋酸	130.00	23.90	1049.00	—
乙酸乙酯	48.00	24.18	901.00	3.69

表 7-3　25℃醋酸在水相和酯相中的平衡浓度（质量分数）　　　单位：%

酯相	0.00	2.50	5.77	7.63	10.17	14.26	17.73
水相	0.00	2.90	6.12	7.95	13.82	13.82	17.25

（四）数据计算

根据公式(7-1) 可归纳出 3 种计算方式，分别如下：

第一种：根据 C_o、C_w 算出 C_o^*、C_w^*，根据变化算出 dC_o/dt，已知 A 和 V，即可得对应时间的 K_o 值，然后对时间做图，得变化趋势，求平均值作为最后数据。K_w 同理。

第二种：根据 C_o、C_w 算出 C_o^*、C_w^*，根据变化算出 dC_o/dt，用 dC_o/dt 作为纵坐标，($C_o^*-C_o$) 做横坐标，求其斜率，再根据公式求出 K_o。K_w 同理。

第三种：若将系统达到平衡时的水相浓度 C_w^e 和有机相浓度 C_o^e 替换式(7-1) 中的 C_w^* 和 C_o^*，则对式(7-1) 积分可推出：

$$K_w=\frac{V_w}{At}\int_{C_w(0)}^{C_w(t)}\frac{dC_w}{C_w^e-C_w}=\frac{V_w}{At}\ln\frac{C_w^e-C_w(t)}{C_w^e-C_w(0)} \tag{7-3}$$

$$K_o=\frac{V_0}{At}\int_{C_o(0)}^{C_o(t)}\frac{dC_o}{C_o^e-C_o}=\frac{V_o}{At}\ln\frac{C_o^e-C_o(t)}{C_o^e-C_o(0)} \tag{7-4}$$

以 $\ln\frac{C^e-C(t)}{C^e-C(0)}$ 对 t 做图从斜率也可获得传质系数。

七、注意事项

1. 装置安装前，先用丙酮清洗各个部位，以防表面活性剂污染系统。

2. 加料时一定要先加入重组分，然后利用升降台及池盖上的旋母调节界面环中心线的位置，使之与液面重合。

3. 加入轻组分时一定要缓慢，避免界面扰动。

4. 转速在 60r/min 以上时才会有显示，在溶质加入前，应预先调节好实验所需转速，以保证整个过程处于同一流动条件下。

5. 测量转速的霍尔元件的电源插头安装时一定要使接头上的画线与机座上的画线相重合，如果安装位置不对会造成短路。

6. 各相浓度按一定的时间间隔同时取样，每次取样约 2mL。

八、思考题

1. 将醋酸分别加入水相和酯相，根据物料衡算及传质速率方程所得的微分方程式分别是什么？

2. 水相和酯相样品的空白实验怎么做？有什么意义？

3. 其他影响因素（如搅拌速度、温度、界面湍动等）对传质系数有什么影响？

第二部分
反应与分离实验

实验八 常压微反实验

一、实验背景

气-固催化反应器可以作为反应器的典型代表，用来阐明反应器的性能水平和反应性能。本实验通过在固定床气-固催化反应器中进行乙醇脱水反应，介绍固定床反应器和化学反应所涉及的原理、方法和结论，可以在分析其他类型的反应器和化学反应时作为借鉴和参考。但固定床催化反应器仅适用于催化剂寿命较长、不易中毒失活的情况；当催化剂容易失活时，若催化剂要频繁地从反应器中取出来再生，固定床反应器是不适宜的。此时，可以采用移动床或流化床反应器，可以按需要从反应器中取出失活的催化剂来再生。

用乙醇脱水生产乙烯可以追溯到 1979 年左右，后来逐渐发展为工业规模的生产。第一次世界大战前，欧洲发展了固定床脱水工艺，并且在许多国家实现了工业化。1945 年之前，世界上绝大部分乙烯是由乙醇脱水生产而来，后来逐渐被烃类（如石脑油和天然气）的热裂解生产乙烯所替代。但是此种生产乙烯的方法在发展中国家一直没有停止使用。

我国石油和天然气储量相对较少，但是煤炭储量相对较为丰富，近年来由于煤炭间接液化技术和合成气制低碳醇技术的快速发展，为我国发展非石油路线制备乙烯提供了一条有效的发展途径。在我国大力发展乙醇脱水制乙烯技术还具有以下 4 点显著优势：

1. 乙醇可来源于农副产品的发酵，可以避免对石油资源的依赖，对贫油或以农业为主的国家，为乙烯的生产提供了原料保障。

2. 乙醇可来源于煤炭，我国现阶段煤炭资源储量相对较为丰富，并且由于煤化工技术的快速发展，使得以煤炭生产乙醇技术得以完善和实现工业化应用，因此在我国发展乙醇脱水制乙烯技术还具有稳定可靠的资源优势。

3. 具有投资少、建设周期短、收效快、工艺简单和技术要求不高等特点。

4. 产品纯度高，后续分离提纯等投资和运行费用低。

石油属于不可再生资源，将随着人类社会的不断发展而慢慢枯竭，给传统以石油资源为原料生产乙烯带来巨大的冲击和挑战。现阶段，根据我国煤炭资源储量较为丰富和生物质资源产量大的特点，以煤炭/生物质为龙头生产乙醇，进而将乙醇转化为乙烯具有非常重要的现实意义。

二、实验目的

1. 通过实验加深对乙醇脱水反应的了解。
2. 熟悉乙醇脱水实验的机理。
3. 熟悉微型反应实验装置的操作流程。

三、实验原理

乙醇脱水生成乙烯和乙醚，是一个吸热、分子数增加或者不变的可逆反应。提高反应温度、降低反应压力，都能提高反应转化率。乙醇脱水可生成乙烯和乙醚，但高温有利于乙烯的生成，较低温度时主要生成乙醚，有人解释这大概是因为反应过程中生成的碳正离子比较活泼，尤其在高温，它的存在寿命更短，来不及与乙醇相遇就已经失去质子变成乙烯。而在较低温度时，碳正离子存在时间长些，与乙醇分子相遇的概率增多，则生成乙醚；也有人认为在生成产物的决定步骤中，生成乙烯要断裂C—H键，需要的活化能较高，所以要在高温才有乙烯的生成。

乙醇在催化剂存在下受热发生脱水反应，既可分子内脱水生成乙烯，也可分子间脱水生成乙醚。本实验采用三氧化二铝作为催化剂，在固定床反应器中进行乙醇脱水反应研究，通过改变反应的进料速度、反应温度、压力、原料液组成等因素，可以得到不同反应条件下的实验数据，反应机理为：

分子内反应为 $CH_3CH_2OH \rightleftharpoons CH_2{=}CH_2 + H_2O$

分子间反应为 $2CH_3CH_2OH \rightleftharpoons CH_3CH_2{-}O{-}CH_2CH_3 + H_2O$

四、实验设备及流程图

（一）实验设备及流程

常压微反实验设备流程图如图8-1所示，实验设备实物图如图8-2所示。

实验设备由计量泵、预热器、微型反应器、冷阱等所组成。实验时，微型反应器部分的物料通过计量泵加入到预热器内，汽化后与载气（氮气，无载气则不通）一起进入到装有催化剂的反应器内，反应后经过冷凝器冷凝后进入到冷阱，冷凝后的液体留在了冷阱内，气体通过六通阀和皂沫流量计计量后排出系统。

（二）装置参数及试剂

装置参数如表8-1所示。

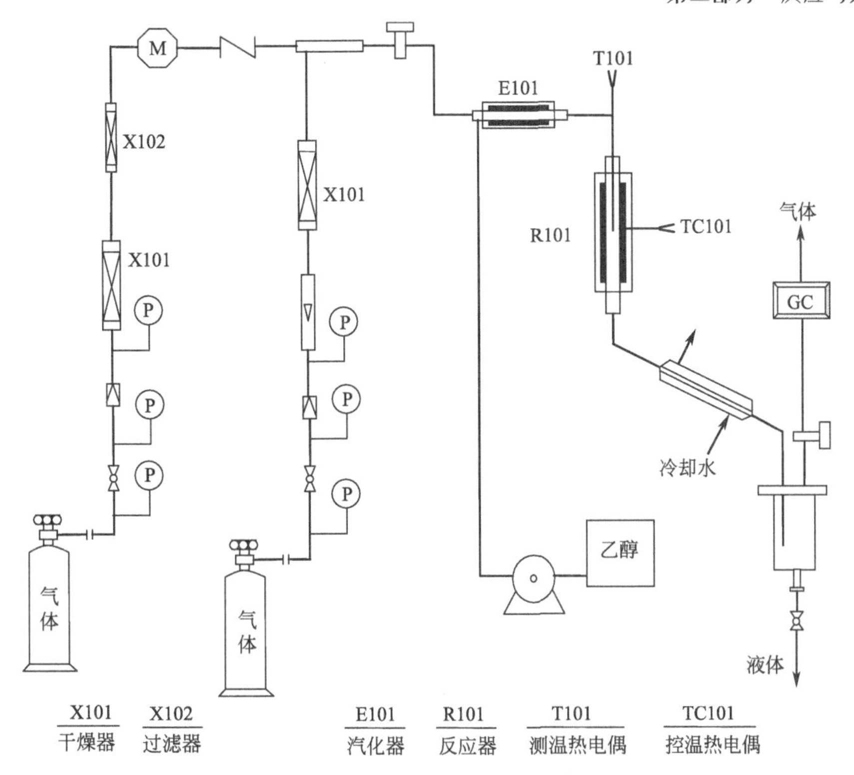

图 8-1　微型反应装置流程图

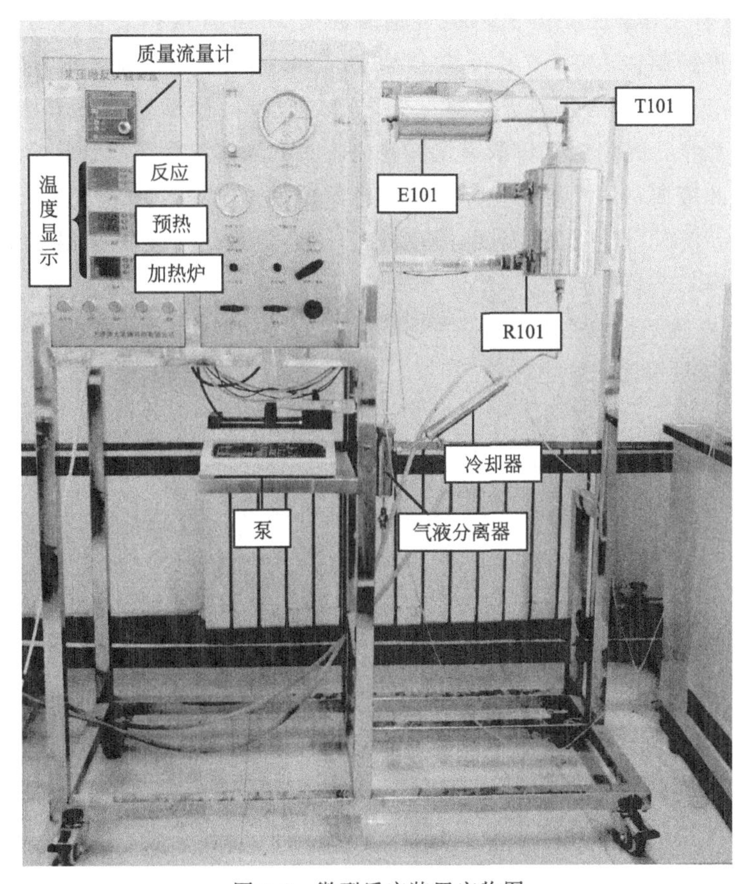

图 8-2　微型反应装置实物图

表 8-1 微型反应装置主要设备参数

	名称	参数	数量
装置	质量流量计	SY-9312，1L/min，H_2	1
	液体进料泵	1L/h	1
	预热炉	ϕ89mm×ϕ13mm×180mm	1
	预热器	ϕ10mm，长 200mm	1
	反应炉	160mm×220mm×ϕ13mm	1
	反应器	石英，ϕ10mm	1
	冷凝器	ϕ19mm×ϕ6mm×260mm	1

主要试剂如表 8-2 所示。

表 8-2 微型反应用原料和催化剂

	作用	名称
试剂	反应物	乙醇
	催化剂	三氧化二铝

五、实验步骤及方法

1. 准备工作：将氮气钢瓶及减压阀接好；检查电路是否连接妥当。

2. 上述准备工作完成后，开启氮气钢瓶通气 2min 置换掉装置内的空气。开始升温，预热器温度控制在 120℃。待反应器温度达到 165℃后，启动乙醇加料泵。调节流量在 0.2mL/min，并严格控制进料速度使之稳定。在每个反应条件下稳定 30min 后，开始记下尾气流量，并用烧杯量取一定时间内收集的液体量称重，计算反应液体的质量流量，取气样和液样，用注射器进样至气相色谱仪中测定其产物组成。

3. 在 160～300℃选不同的温度，改变三次进料速度，考查不同温度及进料速度下反应物的转化率与产品的收率。

4. 反应结束后停止加乙醇原料。

5. 实验结束后关闭水、电。

六、实验数据

（一）原始数据记录表

检测方法：气相色谱。

检测条件：色谱柱为填充 GDX-104 固定相的不锈钢柱（2m，ϕ4mm）；TCD 检测器；柱前压力 0.10MPa；柱温 100℃；检测室温度 140℃；桥电流 150mA；汽化室温度 120℃。该色谱条件下所得物质含量与保留时间如表 8-3 所示。

表 8-3 常压微反实验气相、液相产物色谱保留时间对应表

项目	保留时间/min	物质
气相	0.650	乙醇
	0.762	乙醚
	0.848	乙烯

续表

项目	保留时间/min	物质
液相	0.163	水
	0.237	乙醚
	0.887	乙醇

乙醇脱水实验数据表如表 8-4 所示。

表 8-4　乙醇脱水实验数据表

实验日期：________　实验人员：________　学号：________　温度：________

序号	进料量/(mL/min)	温度/℃		气相产物含量/%				液相产物含量/%			气体量/L	液体量/g
		预热器	反应器	乙烯	乙醇	乙醚	水	乙醇	乙醚	水		
1	0.2	120	165									
	0.4											
	0.6											
2	0.2											
	0.4											
	0.6											
3	0.2											
	0.4											
	0.6											

（二）数据处理表

转化率：代表反应进行的程度，即某一反应物 A_i（关键组分）已转化的分数，其计算公式为

$$X_i=\frac{N_{io}-N_i}{N_{io}}=\frac{\text{反应物 }A_i\text{已转化的物质的量}}{\text{反应物 }A_i\text{的起始物质的量}} \tag{8-1}$$

选择性 S_p 定义为

$$S_p=\left|\frac{\nu_i}{\nu_p}\right|\frac{\text{得到目的产物 P 的物质的量}}{\text{已转化的关键组分 }i\text{ 的物质的量}}$$

$$=\frac{\text{用于生成目的产物 P 所消耗的关键组分 }i\text{ 的物质的量}}{\text{已转化的关键组分 }i\text{ 的物质的量}} \tag{8-2}$$

收率 Y_p 定义为

$$Y_p=\left|\frac{\nu_i}{\nu_p}\right|\frac{\text{得到目的产物 P 的物质的量}}{\text{进入反应器的关键组分 }i\text{ 的物质的量}}$$

$$=\frac{\text{用于生成目的产物 P 所消耗的关键组分 }i\text{ 的物质的量}}{\text{进入反应器的关键组分 }i\text{ 的物质的量}} \tag{8-3}$$

根据上述定义可知：$Y_p=X_iS_p$。

参考上述公式和《化学反应工程》对所得数据进行处理，处理结果如表 8-5 所示。

表 8-5　乙醇脱水实验结果一览表

实验号	反应温度/℃	乙醇进料量/(mL/min)	产物组成/mol				乙醇转化率/%	乙烯收率/%
			乙烯	乙醇	乙醚	水		
1	165	0.02						
		0.04						
		0.06						
2	200	0.02						
		0.04						
		0.06						
3	245	0.02						
		0.04						
		0.06						

七、注意事项

1. 控制面板上有两个温度显示，其中一个是反应温度（如图 8-1 中 T101），另一个是反应器的加热温度（如图 8-1 中 TC101），要加以区分。

2. 反应器加热前要先通入载气和冷却水，并使其保持恒定流量，以避免反应加热温度不均匀和液体无法冷却。

3. 用气相色谱测试液相组成时，液体用微量进样器打入前端口（靠近箱门）。

八、思考题

1. 温度对乙醇脱水产物乙烯、乙醚产量的影响？

2. 不同进料量对反应程度的影响？

3. 如何既能够提高乙烯选择性又能够加快反应速率？

实验九 计算机控制小型乙苯脱氢反应及分离实验

一、实验背景

苯乙烯（styrene）的化学式为C_8H_8，分子量为104.15，其化学结构式如图9-1所示。苯乙烯是含有饱和侧链的一种简单芳烃，是基本有机化工的重要产品之一。苯乙烯为无色透明油状液体，常温下具有辛辣香味，难溶于水，20℃时溶解度为0.3g/L（水），溶于醇、醚等多数有机物。

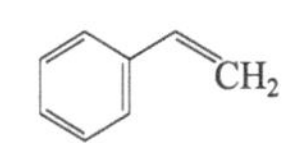

图9-1　苯乙烯结构式

苯乙烯是苯用量最大的衍生物，也是最基本的芳烃化学品。苯乙烯主要用于生产聚苯乙烯（占其需求量约2/3），也可用于制取苯乙烯-丁二烯（丁苯）橡胶（SBR）、ABS和苯乙烯-丙烯腈（SAN）树脂、不饱和聚酯等，此外，苯乙烯也是生产涂料、染料、合成医药的重要原料。

苯乙烯需求的持续强劲增长，是我国苯乙烯生产不断扩能的原动力。2007～2010年是我国苯乙烯产能的大规模增长期，一批新建和扩建项目陆续上马投产。截止到2008年我国苯乙烯总生产能力达到约400万吨/年，2010年达到约600万吨/年，此时，我国苯乙烯市场的供需矛盾才得到根本缓解，供需基本平衡或略有缺口。

世界苯乙烯的生产能力已经出现过剩的态势。我国苯乙烯的生产能力经过5年左右的快速扩能，截至2010年供需矛盾已经得到根本性的缓解，因此，目前我国苯乙烯产业的重心已经开始由扩能转向为提高竞争力。

一是要实现规模化生产，降低成本。我国现已建成上海赛科50万吨/年和惠州中海壳牌56万吨/年规模化装置，但我国大多数苯乙烯装置能力仍偏小，未达到规模生产的要求，加上有些装置生产技术相对落后，生产成本高，经济效益差，缺乏竞争力。

二是应尽快采用先进技术对现有装置进行技术改造，逐步提高装置的生产规模和工艺技术水平，增加产量，降低生产成本，进一步增强我国苯乙烯产品在国内外市场的竞争力。

二、实验目的

1. 了解以乙苯为原料在铁基催化剂上进行固定床制备苯乙烯的过程，学会设计实验流程和操作。

2. 掌握乙苯脱氢操作条件对产物收率的影响，学会获取稳定的工艺条件及方法。

3. 掌握催化剂的填装、活化、反应的使用方法。

4. 了解气相色谱工作原理，掌握气相色谱使用和分析方法。

三、实验原理

（一）本实验的主副反应

乙苯脱氢生成苯乙烯和氢气是一个可逆的强吸热反应，只有在催化剂存在的高温条件下才能提高产品收率，其反应如下：

主反应：$C_6H_5C_2H_5 \rightleftharpoons C_6H_5C_2H_3 + H_2$

副反应：$C_6H_5C_2H_5 \rightleftharpoons C_6H_6 + C_2H_4$

$C_2H_4 + H_2 \rightleftharpoons C_2H_6$

$C_6H_5C_2H_5 + H_2 \rightleftharpoons C_6H_6 + C_2H_6$

$C_6H_5C_2H_5 + H_2 \rightleftharpoons C_6H_6CH_3 + CH_4$

$C_6H_5C_2H_5 \rightleftharpoons C_6H_6 + CH_2CH_2$

高温裂解生碳反应：

$C_6H_5C_2H_5 \longrightarrow C_8 + 5H_2$

在水蒸气存在下，发生水蒸气的转化反应：

$C_6H_5C_2H_5 + 2H_2O \longrightarrow C_6H_5CH_3 + CO_2 + 3H_2$

此外，还有高分子化合物的聚合反应，如聚苯乙烯、对称二苯乙烯的衍生物等。

（二）影响本实验的因素

1. 温度的影响。乙苯脱氢反应为吸热反应，$\Delta H^0 > 0$，从平衡常数与温度的关系式 $\left(\frac{\partial \ln K_p}{\partial T}\right)_p = \frac{\Delta H^0}{RT^2}$ 可知，提高温度可增大平衡常数，从而提高脱氢反应的平衡转化率。但是温度过高副反应增加，使苯乙烯选择性下降，能耗增大，设备材质要求增加，故应控制合适的反应温度。

2. 压力的影响。乙苯脱氢为体积增加的反应，从平衡常数与压力的关系式 $K_p = K_n\left[\frac{p_{总}}{\sum n_i}\right]^{\Delta\gamma}$ 可知，当 $\Delta\gamma > 0$ 时，降低总压 $p_{总}$ 可使 K_n 增大，从而增加了反应的平衡转化率，故降低压力有利于平衡向脱氢方向移动。实验中加入惰性气体或减压条件下进行，通常均使用水蒸气作稀释剂，它可降低乙苯的分压，以提高平衡转化率。水蒸气的加入还可向脱氢反应提供部分热量，使反应温度比较稳定，能使反应产物迅速脱离催化剂表面，有利于反应向苯乙烯方向进行；同时还可以有利于烧掉催化剂表面的积碳。但水蒸气增大到一定程度后，转化率提高并不显著，因此适宜的用量为水乙苯＝(1.2～2.6)∶1（质量比）。

3. 空速的影响。乙苯脱氢反应中的副反应和连串副反应，随着接触时间的增大而增大，产物苯乙烯的选择性会下降。催化剂的最佳活性与适宜的空速及反应温度有关，本实验乙苯的空速以 $0.6 \sim 1h^{-1}$ 为宜。

4. 催化剂。乙苯脱氢技术的关键是选择催化剂。此反应的催化剂种类颇多，其中铁基催化剂是应用最广的一种。以氧化铁为主，添加铬、钾助催化剂，可使乙苯的转化率达到40%，选择性达到90%。在应用中，催化剂的形状对反应收率有很大影响。小粒径、低表面积、星形、十字形截面等异形催化剂有利于提高选择性。

为提高转化率和收率，对工业规模的反应器的结构要进行精心设计。实用效果较好的有等温和绝热反应器。实验室常用等温反应器，它以外部供热方式控制反应温度，催化剂床层高度不宜过长。

四、实验设备及流程图

（一）实验装置及流程

计算机控制小型乙苯脱氢反应及分离实验设备流程图如图 9-2 所示，实物图如图 9-3 所示。反应物料由计量泵打入，经预热器预热，反应器反应，反应产物经冷凝器冷凝，气液分离器分离出气相产物和液相产物，气体由湿式气体流量计计量，液相进入到油水分离器将油相和水相分离。

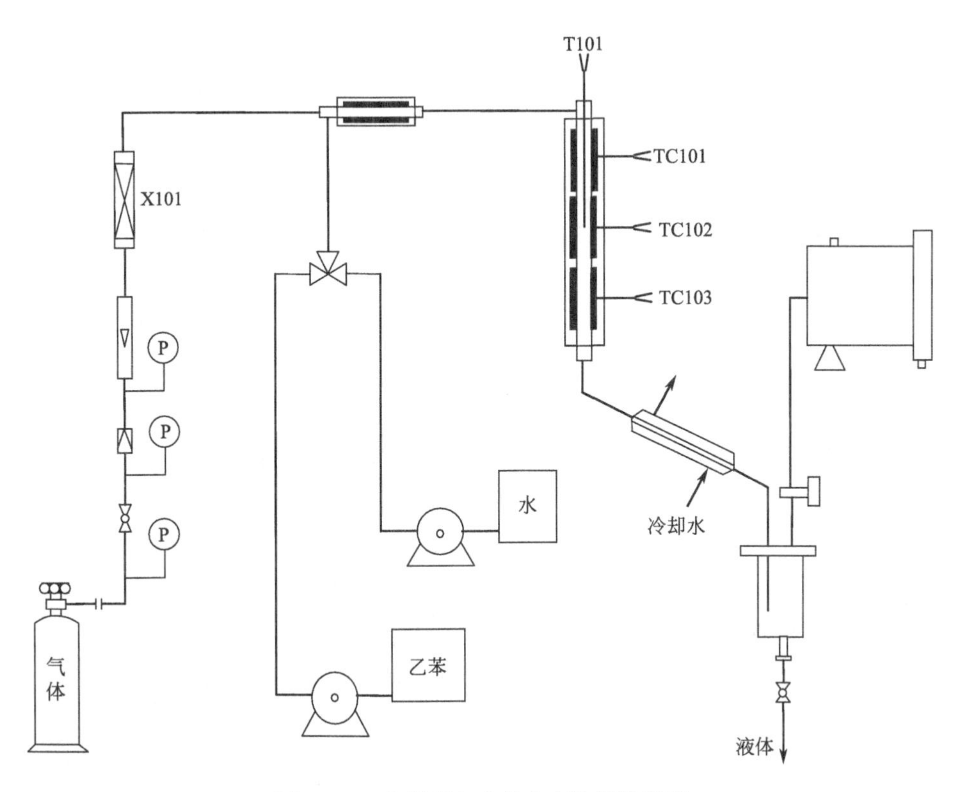

图 9-2　乙苯脱氢与产物分离装置流程图

（二）装置参数及试剂

装置参数如表 9-1 所示。

表 9-1　主要设备参数一览表

	名称	参数	数量
装置	计量泵	1.0L/h	2
	湿式流量计	0.2m^3/h	1
	预热器	ϕ12mm，长 300mm	1
	冷凝管	ϕ25mm×ϕ12mm×450mm	1
	气液分离器	ϕ50mm，180mm	1
	反应器	ϕ20mm，长 550mm	1

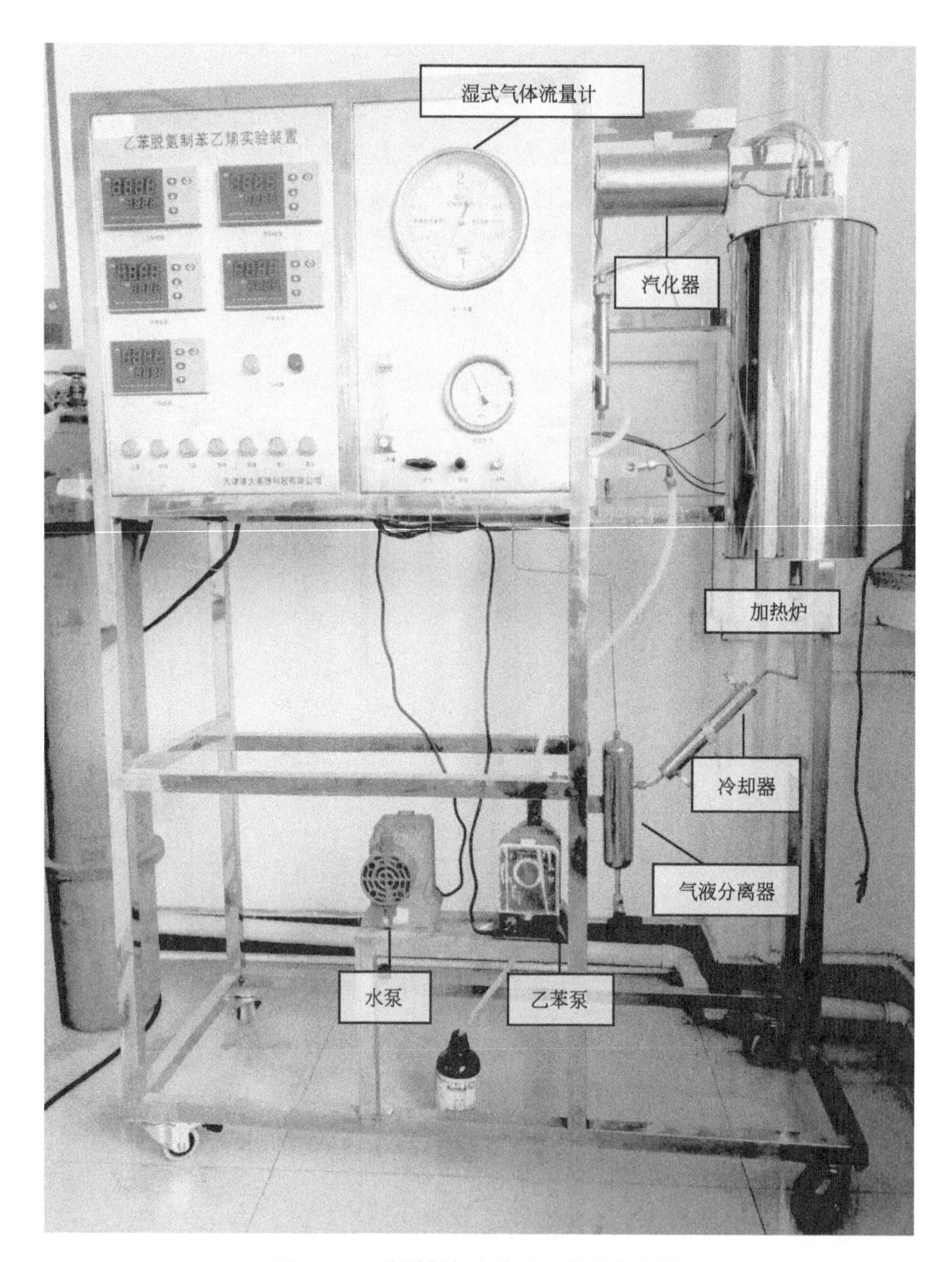

图 9-3　乙苯脱氢与产物分离装置实物图

主要试剂如表 9-2 所示。

表 9-2　主要试剂列表

<table>
<tr><td rowspan="5">试剂</td><td>作用</td><td>名称</td></tr>
<tr><td>反应物</td><td>乙苯</td></tr>
<tr><td>辅助物料</td><td>蒸馏水</td></tr>
<tr><td>吹扫</td><td>氮气</td></tr>
<tr><td>催化剂</td><td>铁基催化剂</td></tr>
</table>

五、实验步骤及方法

1. 按流程组装好装置，检查各接口，试漏（用空气或氮气）。

2. 检查电路是否连接妥当。

3. 上述准备工作完成后，开始升温，预热器温度控制在300℃。待反应器温度达到400℃后，开始启动注水加料泵，同时调整流量（控制在30mL/h以内），温度升至500℃时，恒温活化催化剂3h，此后逐渐升温至550℃，启动乙苯加料泵。调节流量在水：乙苯=2：1（体积比）范围内，并严格控制进料速度使之稳定。反应温度控制在550℃、575℃、600℃、625℃。考查不同温度下反应物的转化率与产品的收率。

4. 每个反应条件下稳定30min后，取样品两次（时间间隔20min），取样时用分液漏斗分离水相，用注射器进样至气相色谱仪中测定其产物组成。分别称量油相及水相重量，以便进行物料衡算。

5. 完毕后停止加乙苯原料，继续通水30～60min，以清除催化剂上的焦状物，使之再生后待用。

6. 结束后关闭水、电。

六、实验数据

（一）实验数据记录

计算机控制小型乙苯脱氢反应及分离实验原始数据记录表如表9-3所示。

表9-3　计算机控制小型乙苯脱氢反应及分离实验原始数据记录

室温：________　大气压：________

时间/min	预热温度/℃	反应温度/℃	水进料量/(mL/h)	乙苯进料量/(mL/h)	水量/(g/h)	尾气流量/(mL/h)

气相色谱分析条件：柱箱温度100℃，汽化器温度160℃，检测器温度180℃，桥电流100mA。

实验数据结果分析如表9-4所示。

表9-4　实验数据结果分析

反应温度/℃	乙苯进料量/(mL/h)	反应产品/%			
		苯	甲苯	乙苯	苯乙烯

（二）实验数据处理

$$\text{乙苯转化率}=\frac{\text{原料中乙苯量}-\text{产物中乙苯量}}{\text{原料中乙苯量}}\times 100\%$$

$$苯乙烯选择性=\frac{生成的苯乙烯的物质的量}{反应转化了的乙苯的物质的量}\times 100\%$$

$$苯乙烯收率=转化率\times 选择性$$

以单位时间为基准进行计算。绘出转化率和收率随温度变化的曲线，并解释和分析实验结果。

七、注意事项

1. 控制面板上有四个温度显示，其中一个是反应温度（如图 9-2 中 T101），另三个是分别为反应器上、中、下三段的加热温度（如图 9-2 中 TC101、TC102、TC103），要加以区分。

2. 反应器加热前要先通入载气和冷却水，并使其保持恒定流量，以避免反应加热温度不均匀和液体无法冷却。

3. 用气相色谱测试液相组成时，液体用微量进样器打入后端口（远离箱门）。

4. 本实验过程中一定要将水和乙苯一起通入反应器中，不可出现仅通乙苯不通水蒸气的情况。

八、思考题

1. 本实验的影响因素有哪些？

2. 本实验中，为什么水和乙苯要一起通入反应器？水在反应过程中起到哪些重要作用？

3. 讨论每个因素对实验结果的影响规律。

4. 通过气相色谱所测得的结果相加后为什么不等于 100%？导致这种现象的原因有哪些？

5. 本实验装置为什么会有三段加热（如图 9-3 中上、中、下段加热）？

实验十　多功能反应实验

一、实验背景

反应器是一种实现反应过程的设备，广泛应用于化工、炼油、冶金等领域。反应器用于实现气相、液相和固相的单相反应过程以及液-液、气-固、气-液、液-固、气-液-固等多相反应过程。

常用反应器的类型有：①管式反应器。由长径比较大的空管或填充管构成，可用于实现气相反应和液相反应。②釜式反应器。由长径比较小的圆筒形容器构成，常装有机械搅拌或气流搅拌装置，可用于液相单相反应过程和液-液相、气-液相、气-液-固相等多相反应过程。用于气液相反应过程的称为鼓泡搅拌釜；用于气液固相反应过程的称为搅拌釜式浆态反应器。③有固体颗粒床层的反应器。气体或（和）液体通过固定的或运动的固体颗粒床层以实现多相反应过程，包括固定床反应器、流化床反应器、移动床反应器、沸腾床反应器等。④塔式反应器。用于实现气-液相或液-液相反应过程的塔式设备，包括填充塔、板式塔、鼓泡塔等。⑤喷射反应器。利用喷射器进行混合，实现气相或液相单相反应过程和气-液相、液-液相等多相反应过程的设备。⑥其他多种非典型反应器。如回转窑、曝气池等。

气-固相催化反应器可分两大类：固定床反应器和流化床反应器（如图 10-1 所示）。固定床反应器是指固体催化剂颗粒堆积起来静止不动，反应气体自上而下流过床层。流化床反应器是指固体催化剂颗粒被自下向上流动的气体反应物夹带而处于剧烈运动的状态。由于这两类反应器中固体催化剂颗粒运动状态不同，其反应性能也有显著差别。一般来说，固定床反应器具有下列优点：

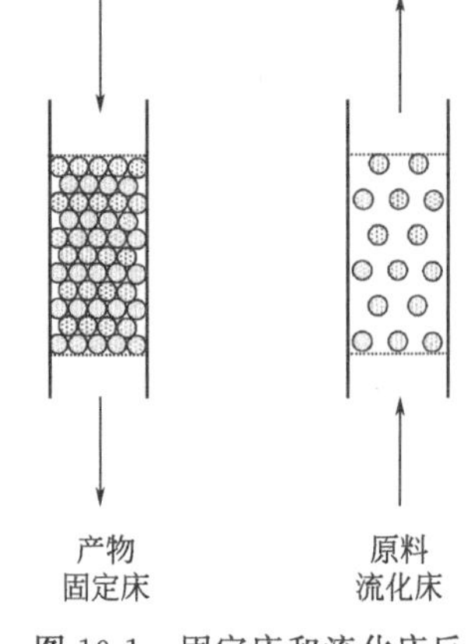

图 10-1　固定床和流化床反应器固体颗粒状态示意图

1. 催化剂颗粒在反应过程中磨损小，适合于贵金属催化剂；
2. 反应器床层内气相流动状态接近平推流，有利于实现较高的转化率和选择性；
3. 反应器的操作弹性与容积生产能力较大。

但是相对于流化床反应器，固定床反应器也有以下缺点：

1. 催化剂颗粒较大，有效系数较低；
2. 催化剂床层传热系数较小，容易产生局部过热；
3. 催化剂的更换费事，不适于容易失活的催化剂。

与固定床反应器相比，流化床反应器的优点是：

1. 可以实现固体物料的连续输入和输出；
2. 流体和颗粒的运动使床层具有良好的传热性能，床层内部温度均匀，而且易于控制，特别适用于强放热反应。

但相对于固定床反应器，流化床反应器也有以下缺点：

1. 由于返混严重，反应器的效率和反应的选择性相对较低；

2. 气固接触不完全，气体反应不完全，单程转化率不高；

3. 固体颗粒的磨损和气流中的粉尘，使得流化床的应用受到限制。

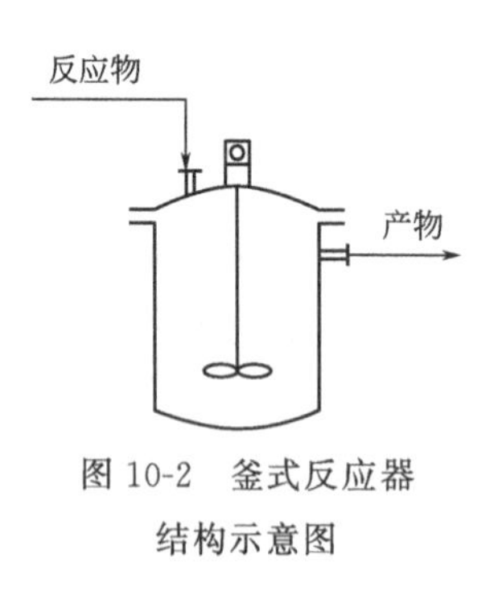

图 10-2　釜式反应器结构示意图

釜式反应器是指一种低高径比的圆筒形反应器（如图 10-2 所示），用于实现液相单相反应过程和液-液、气-液、液-固、气-液-固等多相反应过程。反应器内常设有搅拌装置。

釜式反应器按操作方式可分为：

1. 间歇釜。间歇釜式反应器，或称间歇釜。操作灵活，易于适应不同操作条件和产品品种，适用于小批量、多品种、反应时间较长的产品生产。间歇釜的缺点是：需有装料和卸料等辅助操作，产品质量也不易稳定。但有些反应过程，如一些发酵反应和聚合反应，实现连续生产尚有困难，至今还采用间歇釜。

2. 连续釜。连续釜式反应器，或称连续釜。可避免间歇釜的缺点，但搅拌作用会造成釜内流体的返混。在搅拌剧烈、液体黏度较低或平均停留时间较长的场合，釜内物料流型可视作全混流，反应釜相应地称作全混釜。在要求转化率高或有串联副反应的场合，釜式反应器中的返混现象是不利因素。此时可采用多釜串联反应器，以减小返混的不利影响，并可分釜控制反应条件。

3. 半连续釜式反应器。半连续釜式反应器是指一种原料一次加入，另一种原料连续加入的反应器，其特性介于间歇釜和连续釜之间。

二、实验目的

1. 了解反应釜、固定床反应器、流化床反应器的结构和操作方法。

2. 了解乙醇与乙酸生成乙酸乙酯的实验原理和方法。

3. 了解乙醇脱水的实验原理和方法。

三、实验原理

1. 乙醇与乙酸生成乙酸乙酯。反应方程式为：

$$CH_3CH_2OH + HOOCCH_3 \rightleftharpoons CH_3CH_2OOCCH_3 + H_2O$$

催化剂为浓的 H_2SO_4，反应条件为加热，生成物为乙酸乙酯和水，该反应为可逆反应。

2. 乙醇脱水生成乙烯和乙醚。

分子内反应为：$CH_3CH_2OH \longrightarrow CH_2=CH_2 + H_2O$

分子间反应为：$2CH_3CH_2OH \longrightarrow CH_3CH_2-O-CH_2CH_3 + H_2O$

该反应为微吸热反应，需在催化剂作用下进行，催化剂为 Al_2O_3，常压下即可反应，反应温度为 330～340℃，反应催化剂需阶段性活化。

乙醇脱水属于平行反应。既可以进行分子内脱水生成乙烯，又可以进行分子间脱水生成乙醚。一般而言，较高的温度有利于生成乙烯，而较低的温度有利于生成乙醚。因此，对于乙醇脱水这样一个复合反应，随着反应条件的变化，脱水过程的机理也会有所不同。

四、实验设备及流程图

（一）实验装置

多功能反应实验装置流程图如图 10-3 所示，不锈钢反应器及催化剂装填如图 10-4 所示，实物图如图 10-5 所示。本实验采用的是反应釜、管式炉加热固定床以及流化床催化反应器，配冷凝器、预热器、进料泵、气液分离器、湿式流量计。

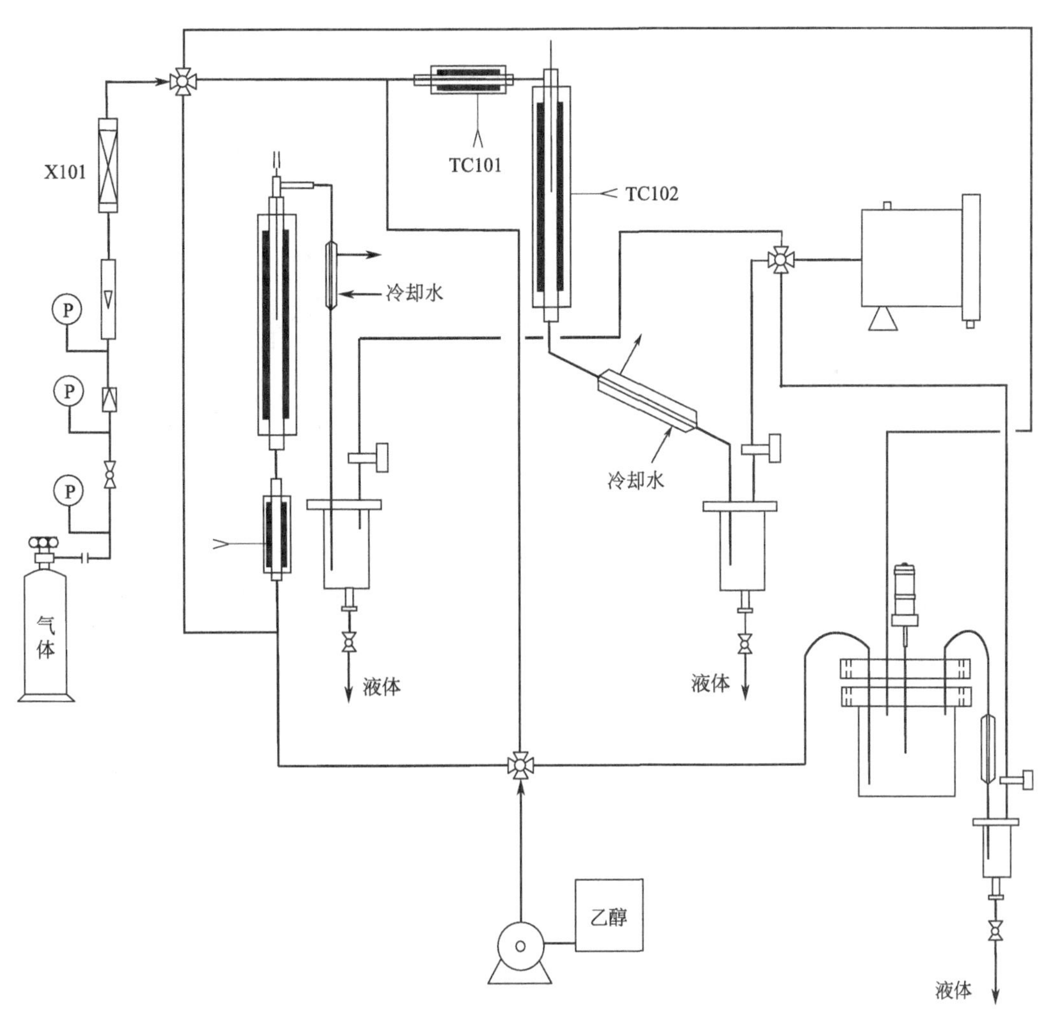

图 10-3　多功能实验装置流程图

（二）试剂

试剂为无水乙醇（分析纯）、乙酸（分析纯）、浓硫酸、Al_2O_3 催化剂。

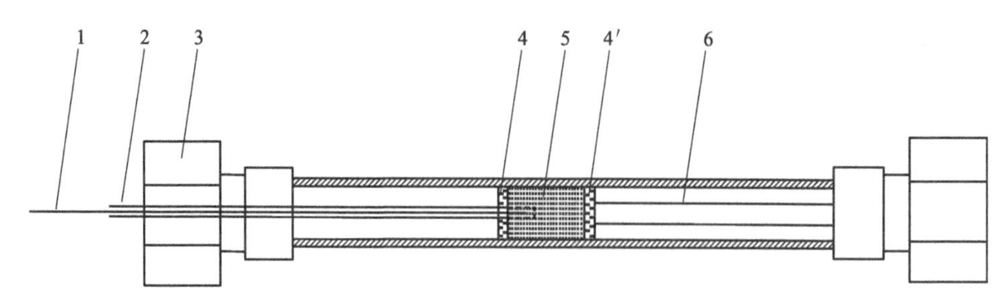

图 10-4 不锈钢反应器及催化剂装填示意图

1—热电偶；2—热电偶套管；3—螺母；4,4′—石英棉；5—催化剂；6—支撑管

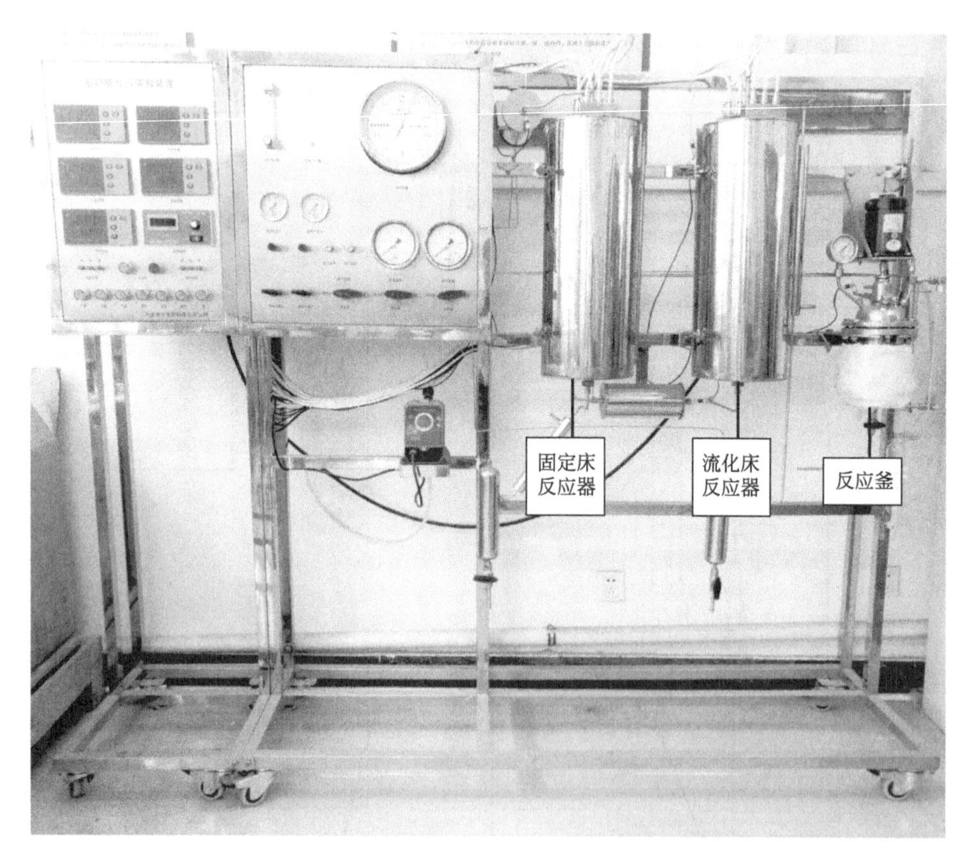

图 10-5 多功能反应器装置实物图

五、实验步骤及方法

（一）反应釜的实验方法及操作步骤

1. 试压实验：接好各个接口，通入氮气进行试压（0.2MPa 左右），冲入氮气后，记下压力表读数，待 30min 后看是否压力下降，如不变化试压结束，如有变化用肥皂水找到漏点。

2. 将原料无水乙醇（分析纯）250mL 和乙酸（分析纯）置于干燥的高压釜反应器内，再缓慢加入 10mL 的浓硫酸作为催化剂。

3. 开启气液分离器气相出口旋塞，启动搅拌器和加热系统，在低速（50r/min）下将釜内温度升至反应温度（在130～200℃），反应30min。

4. 实验结束后，停止加热，使温度逐渐降至70℃左右，打开反应釜出料阀门放出反应液。关闭电源。

5. 选择4～5个温度水平点，测定每种温度下反应30min的乙醇和水的组成，进行计算，得到不同温度下的转化率，并做图分析。

（二）固定床反应器的实验方法及操作步骤

1. 将气体进料三通、液体进料三通以及出料三通都转向通固定床一侧。

2. 组装流程（将催化剂按图10-4所示装入反应器内），检查各接口，试漏（空气或氮气）。

3. 上述准备工作完成后，开启氮气钢瓶通气2min置换掉装置内的空气。开始升温，预热器温度控制在120℃。待反应器温度达到165℃后，启动乙醇加料泵。调节流量在10mL/h范围内，并严格控制进料速度使之稳定。在每个反应条件下稳定30min后，开始记下尾气流量，并用烧杯量取一定时间内收集的液体量称重，计算反应液体的质量流量，分别取气样和液样，用注射器进样至气相色谱仪中测定其产物组成。

4. 在160～300℃选不同的温度，改变三次进料速度，考查不同温度及进料速度下反应物的转化率与产品的收率。

5. 反应结束后停止加乙醇原料，继续通水维持30～60min，以清除催化剂上的焦状物，使之再生后待用。

6. 实验结束后关闭水、电。

（三）流化床反应器的实验方法及操作步骤

1. 将气体进料三通、液体进料三通以及出料三通都转向通流化床一侧。

2. 重复固定床反应器的操作步骤2～6，区别是固定床反应器从上部进料，而流化床反应器是从下部进料。

六、实验数据

1. 反应釜原始数据表如表10-1所示。

表10-1　反应釜实验原始数据记录表

实验号	温度/℃	时间/min	产物含量/%			
			乙醇	乙酸	乙酸乙酯	水
1	130	30				
2	150	30				
3	170	30				
4	190	0				

2. 固定床及流化床反应器原始数据表如表10-2所示。

表 10-2　固定床及流化床反应原始数据记录表

实验号	进料量/(mL/h)	温度/℃		气相产物含量/%				液相产物含量/%			气体量/L	液体量/g
		预热器	反应器	乙烯	乙醇	乙醚	水	乙醇	乙醚	水		
1	10	130	165									
	20											
	30											
2	10	130	200									
	20											
	30											
3	10	130	235									
	20											
	30											
4	10	130	270									
	20											
	30											

七、注意事项

1. 实验前，首先要检查系统气密性，在保证系统不漏气和不漏液的情况下才能进行实验操作。

2. 实验前，确定湿式气体流量计内液面已达到正常工作液面，并准确记录湿式气体流量计初始值。

3. 实验前，先通入载气和冷却水，以保证系统内无杂质气体和物料能够得到冷却。

4. 准确确认所做实验采用的系统（固定床系统？流化床系统？釜式反应器?），并将 3 个四通阀切换至相应的位置上。

5. 准确确定实验起始时刻和终止时刻，以免实验数据处理时带来误差。

八、思考题

1. 反应釜都有哪些构造?

2. 固定床和流化床反应器有什么区别?

3. 温度变化对乙醇和乙酸制乙酸乙酯有着什么影响?

4. 乙醇脱水反应的影响因素有哪些?

实验十一　一氧化碳中温-低温串联变换反应实验

一、实验背景

到目前为止，水蒸气重整与变换反应组合仍是廉价大规模工业制氢的唯一途径。而变换反应必须有催化剂存在的情况下才能满足工业生产的要求，同时变换催化剂的性能是决定合成气制造过程经济效益的关键性因素，因此变换催化剂在合成气及制氢工业中占有重要地位。已经工业化的变换催化剂有铁系高温变换催化剂（300～450℃）、铜系低温变换催化剂（190～250℃）和钴钼系耐硫宽温变换催化剂（180～450℃），均为固体复合氧化物催化剂而其中又以铜系低温变换催化剂最为经济合理。因此，随之而来的研究正在不断深入。

水煤气变换反应是指水蒸气和 CO 反应生成 CO_2 和 H_2 的反应（Water Gas Shift Reaction，简称 WGSR）：

$$CO+H_2O \rightleftharpoons CO_2+H_2 \qquad \Delta H_{298.15}=-41.4kJ/mol$$

该反应最早用于合成氨工业，之后广泛应用于制氢工业中调节合成气制造加工过程中的 CO/H_2，如在合成甲醇和合成汽油的生产中，用来调整水煤气中一氧化碳和氢气的比例、用于降低城市煤气中一氧化碳的含量，另外近年来在燃料电池燃料制备中成为关键净化过程。变换反应的研究始于 1888 年，在 1915 年成功地在合成氨厂中用于合成气的净化和精制，标志着大规模廉价制氢的开端。

水煤气变换反应是一等体积可逆放热的氧化还原反应。压力对化学平衡的影响很小，但温度对反应速度的影响却很大。从热力学平衡角度出发，反应温度愈低，愈有利于变换反应的进行；但是从动力学角度来看，温度降低对反应速度不利，故在工业上综合考虑热力学平衡和反应速度两方面的因素，只有采用催化剂才能满足工业生产的要求。经过几十年的工业实践与性能的不断改进，应用于此工业领域的催化剂已基本发展成熟。近年来，随着燃料电池等氢能源的快速发展，国内外对变换催化剂的研究又得到广泛重视，尤以燃料电池用变换催化剂为主。变换反应在燃料电池中的不可替代的作用及燃料电池本身的特点，对变换反应用催化剂的性能特点提出了更高的要求。

二、实验目的

1. 掌握多相催化反应实验的基本步骤，掌握设备基本流程。
2. 掌握气固相催化反应动力学实验研究方法及催化剂性能评价方法。
3. 获得两种催化剂上变换反应的速率常数 k_T 和活化能 E_a。

三、实验原理

一氧化碳变换反应为：

$$CO+H_2O \rightleftharpoons CO_2+H_2 \qquad \Delta H_{298.15}=-41.4kJ/mol$$

反应必须在催化剂存在的条件下进行。中温变换反应采用铁基催化剂，反应温度在

350～500℃；低温变换反应采用铜基催化剂，反应温度为 220～320℃。

设反应前气体混合物中各个组分干基摩尔分数为 $y^0_{CO,d}$、$y^0_{CO_2,d}$、$y^0_{H_2,d}$、$y^0_{N_2,d}$；初始水气比为 R_0；反应后气体混合物中各组分干基摩尔分数为 $y_{CO,d}$、$y_{CO_2,d}$、$y_{H_2,d}$、$y_{N_2,d}$，一氧化碳的转换率为

$$\alpha=\frac{y^0_{CO,d}-y_{CO,d}}{y^0_{CO,d}(1+y_{CO,d})}=\frac{y_{CO_2,d}-y^0_{CO_2,d}}{y^0_{CO,d}(1+y_{CO_2,d})} \tag{11-1}$$

根据研究，铁基催化剂上一氧化碳中温变换反应本征动力学方程可表示为：

$$\begin{aligned}r_1&=-\frac{dN_{CO}}{dW}=\frac{dN_{CO_2}}{dW}=k_{T_1}p_{CO}p_{CO_2}^{-0.5}\left(1-\frac{p_{CO_2}p_{H_2}}{K_p p_{CO}p_{H_2O}}\right)\\&=k_{T_1}p_{CO}p_{CO_2}^{-0.5}(1-\beta)=k_{T_1}f_1(p_i),\left(\frac{mol}{g\cdot h}\right)\end{aligned} \tag{11-2}$$

铜基催化剂上一氧化碳低温变换反应本征动力学方程可表示为：

$$r_2=k_{T_2}p_{CO}p_{H_2O}^{0.2}p_{CO_2}^{-0.5}p_{H_2}^{-0.2}(1-\beta)=k_{T_2}f_2(p_i),\left(\frac{mol}{g\cdot h}\right) \tag{11-3}$$

$$K_p=\exp\left[2.3026\times\left(\frac{2185}{T}-\frac{0.1102}{2.3026}\ln T+0.6218\times10^{-3}T-1.0604\times10^{-7}T^2-2.218\right)\right] \tag{11-4}$$

式中　r_1——反应速率，mol/(g·h)；

k_{T_1}——反应速率常数，mol/(g·h)；

N_{CO}、N_{CO_2}——一氧化碳、二氧化碳的摩尔流量，mol/(g·h)；

W——催化剂量，g；

p_i——各组分的分压；

K_p——以分压表示的平衡常数；

T——反应温度，K。

在恒温下，由积分反应器的实验数据，可按下式计算反应速率常数 k_{T_i}：

$$k_{T_i}=\frac{V_{0,i}y^0_{CO}}{22.4W}\int_0^{\alpha_{i出}}\frac{d\alpha_i}{f_i(p_i)} \tag{11-5}$$

式中　$V_{0,i}$——反应器入口湿基标准态体积流量，L/h；

y^0_{CO}——反应器入口湿基摩尔分数，%；

$\alpha_{i出}$——中变或低变反应器出口一氧化碳的变换率，%。

采用图解法或编程序计算，就可由式(11-5) 得到某一温度下的反应速率常数值。测得多个温度的反应速率常数值，根据阿累尼乌斯方程 $k_T=k_0e^{-\frac{E_a}{RT}}$ 即可得指前因子 k_0 和活化能 E_a。

由于中变以后引出部分气体分析，故低变气体的流量需重新计算，低变气体的出口组成需由中变气体经物料衡算得到，即等于中变气体的出口组成：

$$y_{1H_2O}=y^0_{H_2O}-y^0_{H_2O}\alpha_1$$

$$y_{1CO}=y^0_{CO}(1-\alpha_1)$$

$$y_{1CO_2}=y^0_{CO_2}+y^0_{CO}\alpha_1$$

$$y_{1H_2}=y^0_{H_2}+y^0_{CO}\alpha_1$$

$$V_2=V_1-V_{分}=V_0-V_{分}$$

$$V_{分}=V_{分,d}(1+R_1)=V_{分,d}\frac{1}{1-(y^0_{H_2O}-y^0_{CO}\alpha_1)}$$

转子流量计计量的 $V_{分,d}$ 需进行分子量换算，从而需求出中变出口各组分干基分数 $y_{1i,d}$：

$$y_{1CO,d}=\frac{y^0_{CO,d}(1-\alpha_1)}{1+y^0_{CO,d}\alpha_1}$$

$$y_{1CO_2,d}=\frac{y^0_{CO_2,d}+y^0_{CO,d}\alpha_1}{1+y^0_{CO,d}\alpha_1}$$

$$y_{1H_2,d}=\frac{y^0_{H_2,d}+y^0_{CO,d}\alpha_1}{1+y^0_{CO,d}\alpha_1}$$

$$y_{1N_2,d}=\frac{y^0_{N_2,d}}{1+y^0_{CO,d}\alpha_1}$$

同中变计算方法，可得到低变反应速率常数及活化能。

四、实验设备及流程图

一氧化碳中温-低温串联变换反应装置流程图如图 11-1 所示。

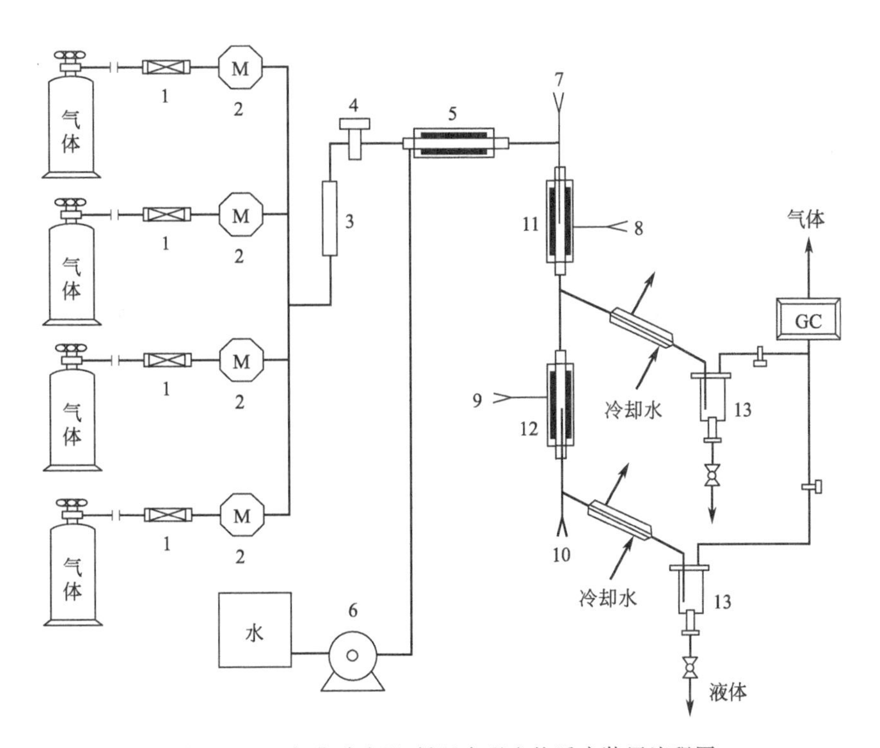

图 11-1　一氧化碳中温-低温串联变换反应装置流程图

1—干燥器；2—质量流量计；3—混合器；4—截止阀；5—汽化器；6—液体泵；7,10—测温热电偶；8,9—控温热电偶；11—中变加热炉；12—低变加热炉；13—气液分离器

五、实验步骤及方法

（一）开车步骤

1. 检查系统是否处于正常状态。

2. 开启氮气钢瓶，置换系统约5min。

3. 接通电源，缓慢加热反应器，同时把脱氧槽缓慢升温至200℃，并维持恒定。

4. 中、低变床层温度升温至100℃时，开启管道保温控制仪，开启汽化器，同时打开冷却水，管道保温，汽化器温度恒定设定温度下。

5. 调节中、低变反应器温度到实验条件后，切换成原料气，稳定20min左右，随后进行分析，记录实验条件和分析数据。

（二）实验条件

1. 流量，控制原料气（CO、H_2、CO_2、N_2平衡气）流量在1～4L/h。

2. 汽化器温度在150～250℃，打开液体泵，按照设定R_0打入液态水。

3. 反应器内中变催化床层温度先后控制在360℃、390℃、420℃，低变催化剂床层温度先后控制在220℃、240℃、260℃。

（三）停车

1. 关闭原料气钢瓶，切换成氮气，关闭反应器控温仪。

2. 稍后关闭液体泵电源。

3. 关闭管道保温，待反应床温度低于200℃以下，关闭脱氧槽加热电源，关闭冷却水，关闭汽化器电源，关闭氮气钢瓶，关闭各仪表电源及总电源。

六、实验数据

（一）原始数据记录

一氧化碳中温-低温串联变换反应实验数据表如表11-1所示。

表11-1　一氧化碳中温-低温串联变换反应实验数据表

序号	室温/℃	大气压/Pa	反应温度/℃		流量/(mL/min)						汽化器温度/℃	系统静压/Pa	CO_2分析值/%	
			中变	低变	CO	H_2	CO_2	N_2	总	分			中变	低变

（二）数据处理

1. 转子流量计的校正。转子流量计是直接用20℃的水或20℃、0.1MPa的空气进行标定，故各气体流量需校正。

$$\rho_i=\frac{pM_i}{RT}$$

$$V_i=V_{i,读}\sqrt{\frac{\rho_f-\rho_i}{\rho_f-\rho_0}\times\frac{\rho_0}{\rho_i}}$$

2. 水气比的计算。反应前气体组成由各气体的体积流量分数计算得到。用以计算的转子流量计的标定条件与实验条件不同，需进行密度换算。湿气体中的水蒸气通过汽化器制得，进入反应器前气体中总压为大气压 p_a 与静压 p_g 之和，因而，水气比 R_0 计算式为：

$$R_0=\frac{p_{H_2O}}{p_a+p_g-p_{H_2O}}$$

表 11-2　水的安托尼系数

T/℃	A	B	C
0≤T<30	8.1843	1791.30	238.10
30≤T<40	8.1394	1767.26	236.29
40≤T<50	8.0887	1739.35	234.10
50≤T<60	8.0464	1715.43	232.14
60≤T<70	8.0116	1695.17	230.41
70≤T<80	7.9846	1678.95	228.97
80≤T<90	7.9634	1665.92	227.77

式中水蒸气气压 p_{H_2O}用安托尼公式计算：

$$\ln p_{H_2O}=2.3026\left(A-\frac{B}{C+T}\right)$$

式中　A、B、C——安托尼系数，可查表 11-2 所示；

T——饱和温度，℃；

七、注意事项

1. 实验开始前，首先要检查设备的气密性，避免因漏气而产生危险，其次要用惰气和原料气对系统内气体分别进行置换，然后通入冷却水，最后等气相色谱运转平稳后开始正常测试。

2. 反应过程中要保持反应系统压力的稳定，反应前确保流量稳定后将不再对气体流量进行调节（特殊情况除外）。

3. 数据处理时要注意各数据的单位。

八、思考题

1. 一氧化碳转化率的公式如式(11-1）所示，式中（$1+y_{CO,d}$）具有什么意义？为什么一氧化碳转化率公式不是（提示：根据物料守恒可推导）：$\alpha=\frac{y^0_{CO,d}-y_{CO,d}}{y^0_{CO,d}}$？

2. 如何判断内、外扩散的消除？

3. 实验中的误差来源于哪里？有何影响？

实验十二 计算机控制气固相催化反应加压固定床实验

一、实验背景

“压力变化只是对那些反应前后分子数目有变化的气体反应才有影响。在恒温下，增加压力，平衡向分子数减小的方向移动；减小压力，平衡向分子数增加的方向移动。”

然而压力对化学平衡的影响原因何在？不同增加反应系统总压力的方法又对平衡有什么样的影响呢？以下通过化工热力学来进行讨论。

设任一可逆气相反应方程式为：

$$xA+yB \rightleftharpoons mC+nD$$

根据化工热力学的推导，在恒温恒压下，反应的自由能变化与参加反应的各气体分压具有如下关系：

$$\Delta G=\Delta G^0+RT\ln\frac{p_C^m p_D^n}{p_A^x p_B^y} \tag{12-1}$$

式中，p_A、p_B、p_C、p_D 分别代表反应物和生成物在任一状态下的分压，x、y、m、n 分别代表反应系数。

当反应达到平衡时有 $\Delta G=0$，则上式可变形为：

$$\Delta G^0=-RT\ln\left(\frac{p_C^m p_D^n}{p_A^x p_B^y}\right)_{平衡}=-RT\ln K_p \tag{12-2}$$

式中　K_p——反应平衡常数。

将式(12-2) 代入式(12-1) 中，得：

$$\Delta G=-RT\ln K_p+RT\ln\frac{p_C^m p_D^n}{p_A^x p_B^y} \tag{12-3}$$

上式为化学反应等温方程式，表示在恒温恒压下反应自由能变化与反应物和产物分压之间的关系。设：

$$\frac{p_C^m p_D^n}{p_A^x p_B^y}=Q_p \tag{12-4}$$

则式(12-3) 可改写为：

$$\Delta G=-RT\ln K_p+RT\ln Q_p=RT\ln\frac{Q_p}{K_p} \tag{12-5}$$

根据化工热力学基础知识可知，在恒温恒压下，$\Delta G<0$ 时反应自发进行，$\Delta G=0$ 时反应处于平衡状态，$\Delta G>0$ 时反应逆向自发进行。

由式(12-5) 可知，ΔG 值的正负取决于 Q_p/K_p。任一化学反应在一定温度下的 K_p 为定值，因此，只要确定了体系中各气体的分压，就可以得到 Q_p 的数值，再根据 Q_p/K_p 就可以判断在指定条件下反应进行的方向和限度，即：

$Q_p<K_p$ 时，$\Delta G<0$ 正向反应自发进行；

$Q_p=K_p$ 时，$\Delta G=0$ 正、逆向反应达到平衡，此时系统处于动态平衡，各气体分压不再发生宏观变化；

$Q_p > K_p$ 时，$\Delta G > 0$ 逆向反应自发进行。

假设任一气相反应已经处于平衡状态，即 $\Delta G = 0$（$Q_p = K_p$），此时改变平衡体系混合气体各组分的分压，则 $Q_p \neq K_p$，化学平衡会发生移动。

假设反应体系的压力变化为原来 w（$w>0$）倍，则

$$Q_p = \frac{(wp)^m (wp)^n}{(wp)^x (wp)^y} = w^{(m+n-x-y)} \left(\frac{p_C^m p_D^n}{p_A^x p_B^y}\right)_{平衡} \tag{12-6}$$

令 $m+n-x-y=j$，则

$$Q_p = \frac{(wp)^m (wp)^n}{(wp)^x (wp)^y} = w^j \left(\frac{p_C^m p_D^n}{p_A^x p_B^y}\right)_{平衡} = w^j K_p \tag{12-7}$$

因此，Q_p 与 K_p 的大小比较只与 w^j 有关。

1. 当 $w>1$（增压）时

（1）如果 $j<0$（即 $x+y>m+n$）时（反应物分子数大于生成物分子数），如反应 $nCO + nH_2 \rightleftharpoons C_nH_{2n}$，由于 $j<0$，$w^j<1$，有 $Q_p<K_p$，所以 $\Delta G = RT\ln\dfrac{Q_p}{K_p}<0$，因此，反应正向自发进行。

（2）如果 $j=0$（即 $x+y=m+n$）时（反应物分子数等于生成物分子数），如反应 $CO + H_2O \rightleftharpoons CO_2 + H_2$，由于 $j=0$，$w^j=1$，有 $Q_p=K_p$，所以 $\Delta G = RT\ln\dfrac{Q_p}{K_p}=0$，因此，正逆反应速率相等，仍处于动态平衡中。

（3）如果 $j>0$（即 $x+y<m+n$）时（反应物分子数小于生成物分子数），如反应 $CH_3CH_2OH \rightleftharpoons CH_2{=}CH_2 + H_2O$，由于 $j>0$，$w^j>1$，有 $Q_p>K_p$，所以 $\Delta G = RT\ln\dfrac{Q_p}{K_p}>0$，因此，反应逆向自发进行。

2. 当 $0<w<1$（压缩）时

（1）如果 $j>0$（即 $x+y<m+n$）时，由于 $j>0$，$0<w^j<1$，有 $Q_p<K_p$，所以 $\Delta G = RT\ln\dfrac{Q_p}{K_p}<0$，因此，反应正向自发进行。

（2）略。

（3）如果 $j<0$（即 $x+y>m+n$）时，由于 $j<0$，$w^j>1$，有 $Q_p>K_p$，所以 $\Delta G = RT\ln\dfrac{Q_p}{K_p}>0$，因此，反应逆向自发进行。

由此可知，在有气体参加的可逆反应中，如果气态反应物的总分子数和气态生成物的总分子数相等，则在恒温下，增加或减小压力对平衡没有影响；如果反应物总分子数和生成物总分子数不等，则增加压力平衡向气体分子数减小的方向移动，减小压力平衡向分子数增加的方向移动。

增加或减小系统总压力还可以通过增加或减少惰性气体的加入量来实现，其影响过程在本书中不再讨论，可参考其他书籍得到相应结论。

二、实验目的

1. 熟悉固定床反应器的特点以及其他有关设备的使用方法，提高自己的实验技能。

2. 掌握乙醇气相脱水反应中压力对产物收率的影响，学会获取稳定工艺条件的方法。

3. 掌握气相色谱的使用和分析方法。

三、实验原理

分子内反应为 $CH_3CH_2OH \longrightarrow CH_2{=}CH_2 + H_2O$

分子间反应为 $2CH_3CH_2OH \longrightarrow CH_3CH_2{-}O{-}CH_2CH_3 + H_2O$

该反应为微吸热反应，需在催化剂作用下进行，催化剂为 Al_2O_3，从常压开始即可反应，反应温度为 330～340℃，反应催化剂需阶段性活化。

乙醇脱水属于平行反应。既可以进行分子内脱水生成乙烯，又可以进行分子间脱水生成乙醚。一般而言，较高的温度有利于生成乙烯，而较低的温度有利于生成乙醚。因此，对于乙醇脱水这样一个复合反应，随着反应条件的变化，脱水过程的机理也会有所不同。

四、实验设备及流程图

1. 实验装置及流程图。本实验采用的是管式炉加热固定床反应器，实验装置流程图如图 12-1 所示，反应器及催化剂装填方式如图 12-2 所示，反应装置实物图如图 12-3 所示。

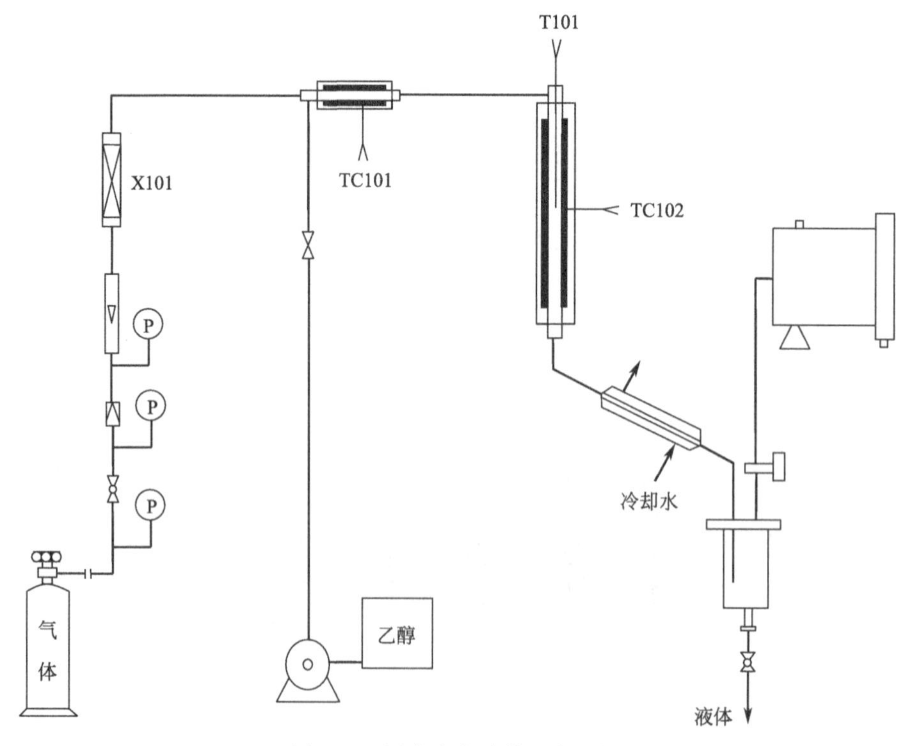

图 12-1　固定床实验装置流程图

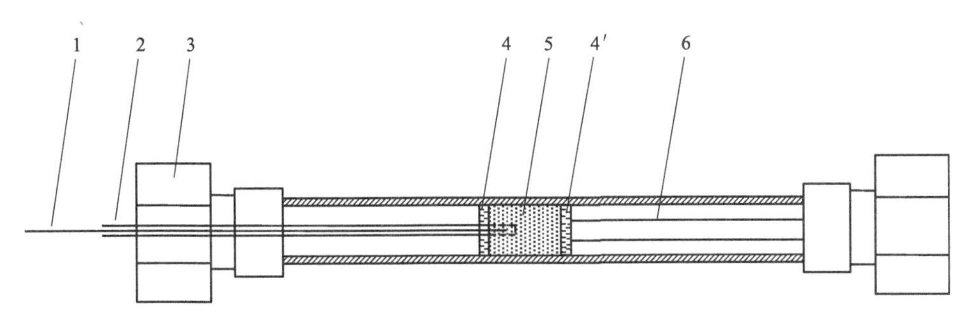

图 12-2　不锈钢反应器及催化剂装填示意图

1—热电偶；2—热电偶套管；3—螺母；4,4′—石英棉；5—催化剂；6—支撑管

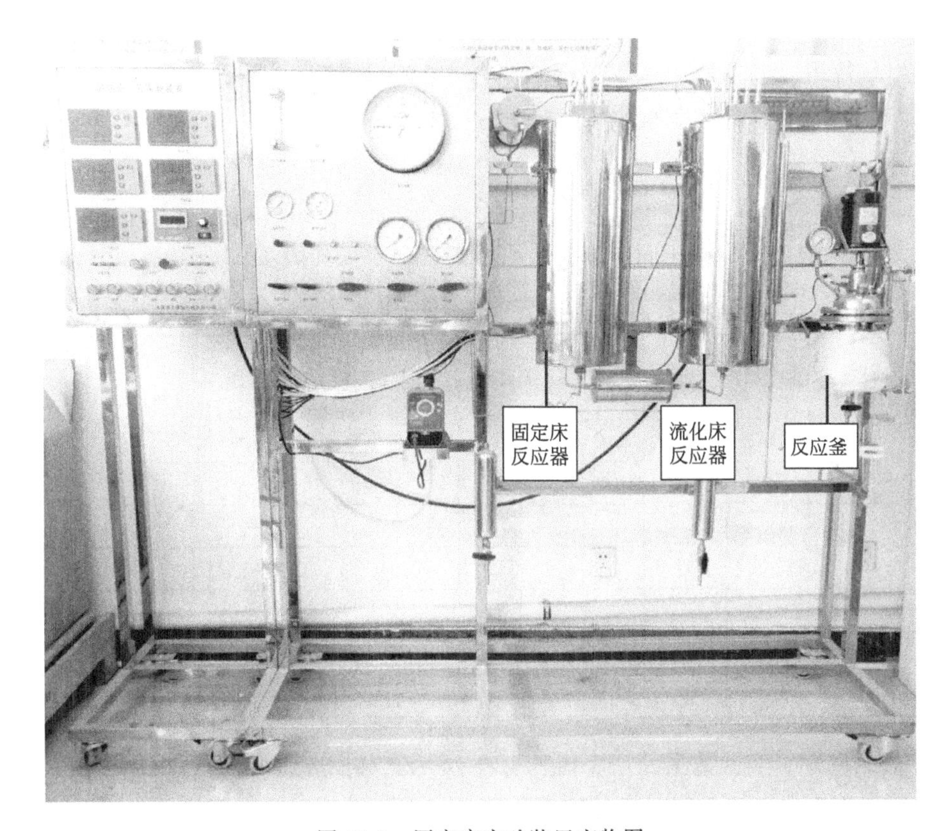

图 12-3　固定床实验装置实物图

2. 试剂：无水乙醇，分子筛催化剂：60～80 目，填装量 7～10g。

3. 仪器　主要仪器设备一览表如表 12-1 所示。

表 12-1　主要仪器设备一览表

名称	柱塞式液体加料泵	氮气钢瓶(含减压阀)	注射器(10μL)	微量注射器(1μL)	色谱仪	反应装置
数量	1 台	1 个	1 支	1 支	1 台	1 套

五、实验步骤及方法

1. 组装流程（将催化剂按图 12-2 所示装入反应器内），检查各接口，试漏（空气或氮气）。

2. 检查电路是否连接妥当。

上述准备工作完成后，开启氮气钢瓶通气 2min 置换掉装置内的空气。开始升温，预热器温度控制在 120℃。待反应器温度达到 165℃后，启动乙醇加料泵。调节流量在 8～12mL/h 范围内，并严格控制进料速度使之稳定。在每个反应压力下稳定 30min 后，开始记下尾气流量，并用烧杯量取一定时间内收集的液体量称重，计算反应液体的质量流量，取气样和液样，用注射器进样至气相色谱仪中测定其产物组成。

3. 在 0.1～2MPa 选择 3 个不同的压力，保持其他反应条件不变，考查不同系统压力下反应物的转化率与产品的收率。

4. 反应结束后停止加乙醇原料，继续通水 30～60min，以清除催化剂上的焦状物，使之再生后待用。

5. 实验结束后关闭水、电。

六、实验数据

1. 气固相催化反应加压固定床实验原始数据记录表如表 12-2 所示。

表 12-2 气固相催化反应加压固定床实验原始数据记录表

实验号	进料量/(mL/h)	温度/℃		气相产物含量/%				液相产物含量/%			气体量/L	液体量/g
		预热器	反应器	乙烯	乙醇	乙醚	水	乙醇	乙醚	水		
1												
2												

2. 数据处理。实验数据处理表如表 12-3 所示，气固相催化反应加压固定床实验气相。液相产物色谱出峰保留时间对应表如表 12-4 所示。

表 12-3 实验数据处理表

序号	反应压力/MPa	乙醇进料量/(mL/h)	产物组成/mol				乙醇转化率/%	乙烯收率/%
			乙烯	乙醇	乙醚	水		

表 12-4 气固相催化反应加压固定床实验气相、液相产物色谱出峰保留时间对应表

项目	保留时间/min	物质
气相	0.650	乙醇
	0.762	乙醚
	0.848	乙烯
液相	0.163	水
	0.237	乙醚
	0.887	乙醇

计算举例：以 160℃，10mL/h 为例：

①

$$X_i = \frac{A_i f_i}{\sum_{i=1}^{n}(A_i f_i)}$$

$$X_{乙烯} = \frac{0.4}{22.4} \times \frac{67.27 \times 2.08}{67.27 \times 2.08 + 1.132 \times 1.39 + 18.78 \times 0.91 + 4.016 \times 3.03} = 0.014633(\text{mol})$$

$$X_{乙醇} = \frac{3.7}{46.07} \times \frac{1.132 \times 1.39}{67.27 \times 2.08 + 1.132 \times 1.39 + 18.78 \times 0.91 + 4.016 \times 3.03} + \frac{26.51 \times 0.82}{26.51 \times 0.82 + 11.63 \times 0.86 + 61.86 \times 0.7} = 0.02400\ (\text{mol})$$

② 乙醇转化率：

$$乙醇转化率 = \frac{乙醇用量}{原料乙醇量} = \frac{0.2645 + 0.0850 \times 2}{0.2645 + 0.0850 \times 2 + 0.2982} = 59.31\%$$

③ 乙烯的收率：

$$乙烯的收率 = \frac{生成的乙烯量}{原料乙醇量} = \frac{0.2645}{0.2645 + 0.0850 \times 2 + 0.2982} = 36.10\%$$

④ 乙醇的进料速度：

$$\frac{2 \times 0.789}{46} = 0.03430\ (\text{mol/h})$$

七、注意事项

1. 控制面板上有三个温度显示，其中一个是预热器控制温度（如图 12-1 中 TC101），另一个是加热炉控制温度（如图 12-1 中 TC102），最后一个是反应温度显示（如图 12-1 中 T101），要加以区分。

2. 反应器加热前要先通入载气和冷却水，并使其保持恒定流量，以避免反应加热温度不均匀和液体无法冷却。

3. 用气相色谱测试液相组成时，液体用微量进样器打入前端口（靠近箱门）。

4. 本实验过程中一定要将水和乙醇按照一定比例一起通入反应器中，不可出现仅通乙醇不通水蒸气的情况。

八、思考题

1. 本实验的影响因素有哪些？

2. 本实验中，为什么水和乙醇要一起通入反应器？水在反应过程中起到哪些重要作用？

3. 讨论每个因素对实验结果的影响规律。

4. 通过气相色谱所测得的结果相加后为什么不等于100%？导致这种现象的原因有哪些？

实验十三　高压釜式反应器实验

一、实验背景

环己烷是一种重要的有机化工原料，它无色、易流动、有刺激性气味，主要用作生产环己醇、环己酮、尼龙 6 及己二酸等产品，同时又是树脂、蜡、油脂、沥青和合成橡胶的优良溶剂和其他化工原料。随着经济的发展，我国对环己烷的需求正逐年增加。

长期以来，工业生产环己烷的方法主要有石油烃分馏精制法和苯催化加氢法。而苯加氢法是环己烷的主要合成方法。目前，仅有 15%～20%的环己烷由原油直接蒸馏获得，其余所需的环己烷均由苯加氢制得。所谓苯加氢制备环己烷，即在催化剂的作用下对苯进行加氢反应制取环己烷，所得环己烷的纯度比石油馏分分离法要高。苯加氢制备环己烷的工艺流程很多，各种方法之间均有差异，生产操作中所需的催化剂类型、反应发生过程的适宜条件、反应器的设计等要求都有所差别。

液相法的工艺流程一般为：①将氢气与液体苯分别通入到填装有催化剂的主反应塔中于一定条件下进行反应；②主反应塔的产物不经过冷却处理，再次加入到装有相应催化剂的固定床补充反应塔中，进行再次加氢催化处理，以便提高反应物的转化率和产物的纯度；③对产物进行有效的分离处理，即得产品环己烷和副产物。液相法反应中通常使用的是雷尼 Ni 催化剂，产品中环己烷的含量较高。液相苯加氢的工艺特点是生产能力大、反应稳定、平和，对设备要求较低，反应过程容易控制，转化率和收率也很高；但必须要有后反应，能耗也较高，氢气的利用率低；典型工艺有 IFP 法、BP 法和 Arosat 法。我国代表性液相法生产厂家有辽阳石化分公司等。

除了液相法工艺流程外，现如今还有气相法工艺流程、气液两相法工艺流程和其他工艺技术，在本书中不再进行详述。

二、实验目的

1. 了解苯加氢的实验原理和方法。
2. 了解液相加氢设备的使用方法和结构。
3. 掌握加压的操作方法。
4. 通过实验进一步考察压力、温度对苯加氢整套反应的影响。

三、实验原理

（一）化学反应

本实验采用高压反应釜液相苯加氢制环己烷，采用 Ni/Al_2O_3 作为催化剂，在该过程中主要发生如下反应：

$$C_6H_6\ (\text{苯环：CH=CH 交替}) + 3H_2 \xrightleftharpoons[200℃]{Ni} C_6H_{12}\ (\text{环己烷：6 个 }CH_2) \tag{13-1}$$

除了上述主反应外，还存在如下的副反应：

$$C_6H_{12}+nH_2 \rightleftharpoons 裂解产物 \quad (13\text{-}2)$$

$$C_6H_{12} \rightleftharpoons (C_5H_9)CH_3 \quad (13\text{-}3)$$

$$C_6H_{12}+nH_2 \rightleftharpoons C+CH_4 \quad (13\text{-}4)$$

反应式(13-1) 采用骨架镍或还原 Ni 为催化剂，反应温度 250℃左右，压力 2.7MPa 左右，环己烷收率在 99%以上。反应式(13-2) 和式(13-4) 在 250℃左右的低温下不显著，可能是由第Ⅷ族金属催化的氢解型机理引起的，也可能是由双功能催化剂的加氢裂解型机理引起的。双功能催化剂为具有加氢催化活性的某些金属（如 Pt、Pd 或 Ni）负载在酸性载体（Al_2O_3、SiO_2 或 SiO_2-Al_2O_3）上构成，在载体上往往存在强酸中心，它对反应式(13-2) 和式(13-4) 有明显促进作用。因此，选择非酸性载体可以避免这种加氢裂解作用。反应式(13-3) 是环己烷的异构化反应，它往往被酸催化反应，在 200℃下，异构化反应达到平衡时环己烷生成甲基环戊烷的转化率为 68%，将温度升高到 300℃时其转化率达 83%，因此也必须选择不会引起这种异构化反应的催化剂。在镍催化剂上，250℃时才开始产生甲基环戊烷。

(二) 热力学平衡

苯加氢制环己烷的反应是一个放热的、体积减小的可逆反应，在 127℃时的平衡常数为 $K_p=7\times10^7$，在 227℃时 $K_p=1.86\times10^2$。因此，低温和高压对该反应是有利的。相反，反应式(13-2) 和式(13-4) 则受到抑制；环乙烷异构化反应是一个等摩尔反应，压力对反应影响不大。温度对反应式(13-3) 平衡浓度随温度的提高而上升，为抑制该反应，也要求催化剂在较低温度下就有高的苯加氢活性，而且在催化剂上不存在酸性中心。

(三) 催化剂和催化机理

对苯加氢有催化活性的金属有 Rh、Ru、Pt、W、Ni、Fe、Pd 和 Co 等。常用金属按活性排列为：Pt＞Ni＞Pd。

加氢活性的比例为：$K_{Pt}:K_{Ni}:K_{Pd}=18:7:1$。

这表明铂的活性比镍高 2.6 倍。但铂的价格为镍的几百倍，因此选择镍作为催化剂活性组分更经济。对液相加氢而言，要求催化剂是细微颗粒（粉末，粒径为 20～100μm)，能悬浮在反应液中进行液-固相加氢反应。考虑到反应要求低温高活性，而且苯环加氢比烯和炔加氢困难，工业上都选用骨架镍催化剂。用这种催化剂在 3.5MPa 的压力和不产生副反应的温度（200℃）下，反应速率很容易达到每克镍每分钟转化 0.15mol 苯的水平。骨架镍催化剂的制备过程为：先由镍和铝（质量比为 1）在 1500～1600℃下制成镍铝合金，然后研磨至粒度为 0.04～0.25mm，再用氢氧化钠浸出铝，最后经洗涤和干燥得到高活性、多孔和高强度的骨架催化剂。由于活性高，在空气中极易自燃，故一般将它浸在乙醇中出售或经表面钝化处理变成不自燃的干燥粉末后出售。成品为黑色粉末，镍含量为 65%，堆密度为 2.4g/cm^3。

关于催化加氢反应机理，即使像乙烯加氢这样一个简单的反应，认识也不一致。分歧主要集中在：①氢是否也发生化学吸附；②作用物在催化剂表面是发生单位（独位）

吸附还是多位吸附；③氢与吸附在催化剂表面的作用物分子是怎样反应的。以苯加氢生成环己烷为例，就提出了两种不同的机理，一种认为苯分子在催化剂表面发生多位吸附，然后发生加氢反应生成环己烷。近年来又提出了另一种观点，认为苯分子只与催化剂表面一个活性中心发生化学吸附（即独位吸附），形成 π-键合吸附物，然后吸附的氢原子逐步加到吸附的苯分子上。

（四）反应动力学

Louvain 的动力学学派专门研究过在镍催化剂上苯加氢的反应动力学。研究表明，在骨架镍催化剂催化下，苯在高压、液相、温度低于 200℃下加氢，苯转化率从低升至 90%以上，反应对苯为零级反应；当转化率在 95%以上时，对苯的反应级数变得接近于 1 级反应。对氢而言，在所研究的压力范围内对氢为零级反应。这一结果可用苯和氢之间的非竞争吸附来解释。

四、实验设备及流程图

苯加氢釜式反应装置流程图如图 13-1 所示，实物图如图 13-2 所示。

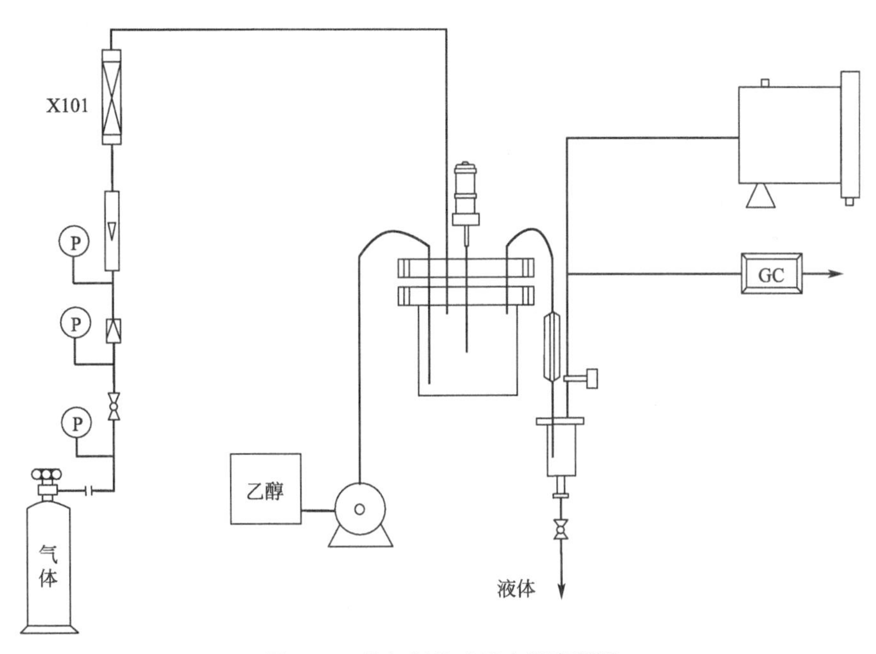

图 13-1 苯加氢釜式反应器流程图

原料：苯、氢气、氮气、环己烷。

五、实验步骤及方法

1. 试压实验：接好各个接口，将进气方向阀、出气方向阀和液体方向阀均旋转至“反应釜”方向（此时通入的气体和液体仅经过反应釜，）通入氮气进行试压（压力要达到测试要求 3～5MPa），充入氮气后，记下压力表读数，待 30min 后看是否压力下降，如不变化试压结束，如有变化用肥皂水找到漏点。

2. 将原料苯（分析纯）200mL 和催化剂 Ni/Al_2O_3 10～30g 置于干燥的高压釜反应

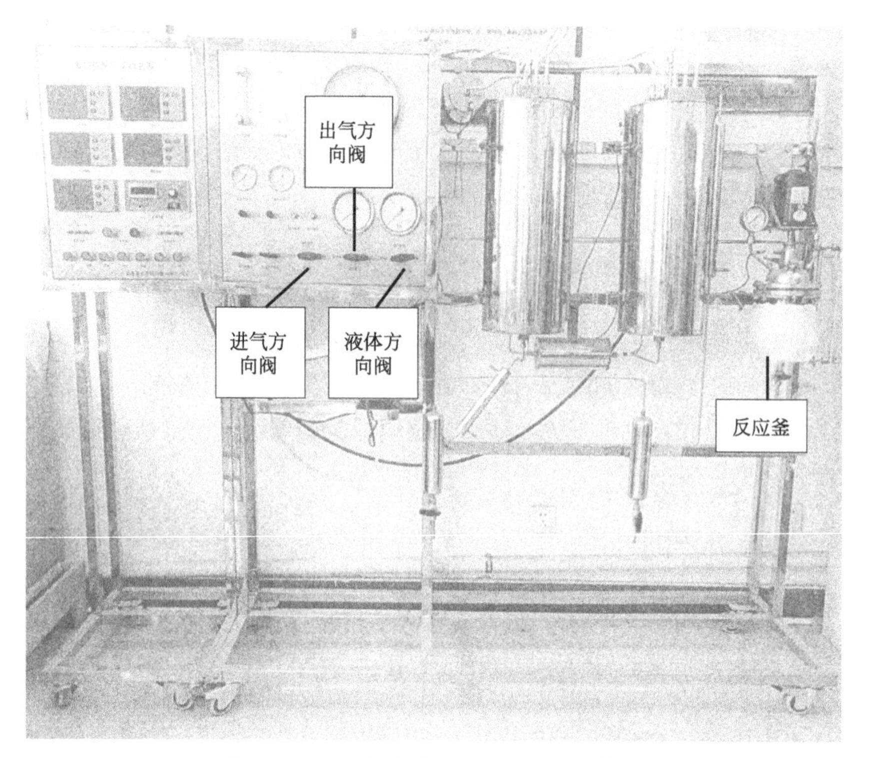

图 13-2　苯加氢釜式反应实验装置实物图

器内，通入氮气（纯度≥99.99%）2min 以除去釜内的空气。

3. 启动搅拌器和加热系统，在低搅拌速率（50r/min）下，将釜内温度升至反应温度。

4. 停止搅拌，通入氢气 2min 以除去釜内氮气，并不断通入氢气，升压至所设定的反应压力，打开搅拌器，准确计时，控制搅拌速度、压力、反应温度，30min 后取样。

5. 实验结束后，停止加热，使温度逐渐降至 70℃左右，放出釜内气体，使釜内压力为常压，打开高压釜式反应器取出反应液。

6. 在同一压力下（1～3MPa，如 2MPa），实验选择 4～5 个温度水平点，测定每个温度下反应 30min 的苯和环己烷的组成，进行计算，得到不同温度下的转化率，并做图。

7. 在同一温度下（120～200℃，如 150℃），实验选择 4～5 个压力水平点，测定每个压力下反应 30min 的苯和环己烷的组成，进行计算，得到不同压力下的转化率，并做图。

六、实验数据

（一）原始数据记录

温度对苯加氢性能的影响如表 13-1 所示，压力对苯加氢性能的影响如表 13-2 所示。

表 13-1　温度对苯加氢性能的影响

温度/℃	120	140	160	180	200
苯的摩尔分数 x_1/%					
环己烷的摩尔分数 x_2/%					

表 13-2　压力对苯加氢性能的影响

压力/MPa	1	1.5	2	2.5	3
苯的摩尔分数 x_1/%					
环己烷的摩尔分数 x_2/%					

苯的转化率（%）$=x_2/(x_1+x_2)$。

（二）色谱条件

热导检测器，H_2 40mL/min，柱长 2m，将 20%癸二酸二异壬酯载于 GDX102 担体（60～80 目），于 150℃老化 4h。使用：柱箱温度 120℃，汽化器温度 170℃，检测器温度 150℃，进样量 2μL。

（三）实验数据处理

压力对转化率的影响：根据实验分析数据，绘制一定温度下，不同压力时转化率随时间变化关系曲线，考察压力对转化率的影响。

七、注意事项

1. 反应为高温高压加氢反应，操作中应严格按操作步骤进行。
2. 实验装置应进行严格的气密性实验，用氮气置换氢气和空气，要置换完全，确保实验安全可靠。
3. 实验前应先熟悉装置状况及仪器的特点和操作方法，防止误操作。
4. 实验完毕要清洗反应釜，实验结束时，放气要慢，注意实验室要通风，以免发生事故。

八、思考题

1. 温度和压力的变化分别对反应的转化率有什么影响？
2. 实验前为什么要先通入氮气？
3. 反应后催化剂应如何处理？

第三部分
煤质分析实验

实验十四 煤中铬、镉、铅含量的测定

一、实验背景

铬、镉、铅是煤的重要重金属伴生矿产。虽然是煤中的痕量元素，但是由于煤在燃烧过程中铬、镉、铅属于挥发冷凝型元素，因此导致燃烧过程中部分或全部挥发的这些重金属，在进入温度较低的环境后会凝结团聚到颗粒细小的飞灰中。最终以细微颗粒或气态形式进入到空气中，并随空气运动而扩散到周围环境中，对周围环境产生系列影响。这些重金属通过饮水、饮食、呼吸或直接接触等方式进入人体，对人体中各器官的功能产生影响。

铬，化学符号是 Cr（chromium），在化学元素周期表中位于第四周期ⅥB 族，是一种金属。铬是人体必需的微量元素，其中三价铬对人体有益，不容忽视。它是人体正常生长发育和调节血糖的重要元素。在人体内的含量约为 7mg，主要分布于骨骼、皮肤、肾上腺、大脑和肌肉之中。而六价铬却对人体有毒害作用，进入人体后，由于具有很强的氧化性，所以表现出从局部损害开始逐渐发展到无药可救的地步。

镉，化学符号是 Cd（cadmium），在化学元素周期表中位于第五周期ⅡB 族，是一种金属。它是对人体有害的元素，且被人体吸收后不易排出。人体中的镉主要通过饮食、饮水和呼吸的形式而被人体吸收，进而蓄积在体内。镉会对呼吸道产生刺激，长期暴露会造成嗅觉丧失症、牙龈黄斑或渐成黄圈，镉化合物不易被肠道吸收，但可经呼吸被体内吸收，积存于肝或肾脏造成危害，尤以对肾脏损害最为明显。

铅，化学符号是 Pb（lead），在化学元素周期表中位于第六周期ⅣA 族，是柔软的延展性强的弱金属，也是重金属。也是对人体有毒害作用的元素，即使少量摄入，都会严重损伤人体的机能，且不易恢复。铅进入人体后除少部分被排出体外后，大部分会溶于血液中导致人体贫血，出现头痛、乏力、肢体酸痛等不适症状。铅进入人体后还会随血液进入大脑神经组织，使营养物质供应不足，对脑神经组织和脑组织造成损伤。

煤炭是我国现在和今后一段时间内最主要的化石能源。因此，测定和调查煤中重金属铬、镉、铅含量对我国绿色利用煤炭资源，提高煤化工相关行业的环保水平具有重要

的意义。

二、实验目的

1. 掌握原子吸收法测定煤中铬、镉、铅元素含量的原理和方法。

2. 掌握测定过程中各步骤的作用、目的和意义，且掌握原子吸收分光光度计的使用方法。

3. 能够独立利用原子吸收分光光度计测定煤中铬、镉、铅的含量。

三、实验原理

本实验方法系根据 GB/T 16658—2007 制定。本实验根据 GB/T 16658—2007 介绍了原子吸收分光光度计法测定煤中铬、镉、铅元素的含量。

本实验适用于褐煤、烟煤、无烟煤。

煤样在（500±10)℃空气条件下进行灰化，用高氯酸-氢氟酸反复溶解灰样，将灰样用硝酸微沸溶解，在铬测定中加入硫酸钠溶液以消除杂质的影响，在镉、铅测定中直接用样品溶液进行测定，测定方法为原子吸收分光光度计法。

四、实验设备及试剂

（一）试剂和材料

1. 氢氟酸（GB/T 620)：40％以上。

2. 高氯酸（GB/T 623)：70.0％以上。

3. 硝酸（GB/T 626）溶液：体积比为（1＋1)。

4. 硝酸（GB/T 626）溶液：体积比为（1＋99)。

5. 硫酸钠溶液：200g/L。称取 200g 无水硫酸钠（GB/T 9853）于 1000mL 烧杯中，加少量水溶解后，转移至 1000mL 容量瓶中，加水稀释至刻度，摇匀。转入塑料瓶中。

6. 镉标准储备溶液：1mg/mL。称取 1.0000g（称准至 0.0002g）高纯金属镉（质量分数为 99.99％）于 300mL 烧杯中，加硝酸溶液 50mL，待全部溶解后移入 1000mL 容量瓶中，用水稀释至刻度，摇匀。转入塑料瓶中。

7. 铅标准储备溶液：1mg/mL。称取 1.0000g（称准至 0.0002g）高纯金属铅（质量分数为 99.99％）于 300mL 烧杯中，加硝酸溶液 50mL，待完全溶解后移入 1000mL 容量瓶，用水稀释至刻度，摇匀。转入塑料瓶中。

8. 铬标准储备溶液：1mg/mL。称取光谱纯重铬酸钾（GB 1259）2.8288g（称准至 0.0002g）于 300mL 烧杯中，加水和硝酸溶液各 50mL，待完全溶解后移入 1000mL 容量瓶中，加水稀释至刻度，摇匀。转入塑料瓶中。

9. 镉、铅混合标准工作溶液：各 20μg/mL。准确吸取镉标准储备溶液及铅标准储备溶液各 10mL 于 500mL 容量瓶中，用硝酸溶液稀释至刻度，摇匀。转入塑料瓶中。

10. 铬标准工作溶液：20μg/mL。准确吸取铬标准储备溶液 10mL 于 500mL 容量瓶中，用硝酸溶液稀释至刻度，摇匀。转入塑料瓶中。

（二）仪器设备

1. 原子吸收分光光度计：带背景扣除装置。

2. 光源：铬、镉、铅元素空心阴极灯。

3. 分析天平：感量0.1mg。

4. 电热板：温度可调。

5. 马弗炉：带有调温装置和烟囱，能保持温度500℃±10℃。

6. 聚四氟乙烯坩埚：30mL。

五、实验步骤及方法

（一）样品溶液的制备

1. 称取一般分析煤样1.9～2.1g（称准至0.0002g）于灰皿中，铺平，放入马弗炉中，由室温缓慢加热至（500±10)℃，在此温度下灼烧至无含碳物为止（至少4h)。

注：煤样灰分不小于30%时称取1g。

2. 将灰样全部转入聚四氟乙烯坩埚中，用少量水润湿，加高氯酸4mL，氢氟酸10mL，置于电热板上缓缓加热，蒸至近干。取下坩埚，稍冷后用少量水将坩埚内壁的水珠冲下，再加氢氟酸10mL，继续在电热板加热至白烟冒尽。取下坩埚，稍冷，加硝酸溶液10mL、水10mL，放在电热板加热至近沸并保持1min。取下坩埚，用热水将坩埚中溶液转入100mL容量瓶中，冷至室温，加水稀释至刻度，摇匀。此溶液为样品溶液。

（二）样品空白溶液的制备

每分解一批样品应同时制备一个样品空白溶液，样品空白溶液的制备除不加试样外，其余操作同（一）2。此溶液为样品空白溶液。

（三）待测样品溶液的制备

1. 铬待测样品溶液：准确吸取样品溶液和样品空白溶液各25mL于50mL容量瓶中，加硫酸钠溶液7.5mL，用水稀释至刻度，摇匀。

2. 镉、铅待测样品溶液：即样品溶液和样品空白溶液。

（四）系列标准溶液的制备

1. 铬系列标准溶液：取6个100mL容量瓶，分别加入铬标准工作溶液0mL、1mL、2mL、3mL、4mL、5mL，硝酸溶液4mL及硫酸钠溶液15mL，用水稀释至刻度，摇匀。

2. 镉、铅系列标准溶液：取6个100mL容量瓶，分别加入镉、铅混合标准工作溶液0mL、1mL、2mL、3mL、4mL、5mL及硝酸溶液4mL，用水稀释至刻度，摇匀。

（五）测定

1. 仪器工作条件的确定：除表14-1所规定的各元素的分析线和所使用的火焰气体外，仪器的其他参数即灯电流、通带宽度、燃烧器高度及燃气与助燃气流量等，应通过实验调至最佳值。

表 14-1　各元素的分析线和所使用的火焰气体

元素	分析线/mm	火焰气体
Cr	357.9	乙炔-空气
Cd	228.8	乙炔-空气
Pb	217.0	乙炔-空气

2. 工作曲线的绘制：在确定的仪器工作条件下，以标准空白溶液调零，测定标准系列溶液中各元素的吸光度，以各待测元素的浓度（μg/mL）为横坐标、吸光度为纵坐标，绘制各待测元素的工作曲线。

3. 样品测定：在确定的仪器工作条件下，以待测样品空白溶液调零，测定各待测样品溶液中各元素的吸光度，然后从工作曲线上查出各元素的浓度。

六、实验数据

（一）实验数据记录

1. 标准工作曲线的绘制。按照上述工作曲线的绘制步骤，以各标准溶液浓度为横坐标，吸光度为纵坐标，绘制标准工作曲线。

2. 测试数据记录表　表 14-2 为煤中铬、镉、铅元素含量实验数据记录表。

表 14-2　煤中铬、镉、铅元素含量实验数据记录表

______年____月____日　操作员：______

<table>
<tr><td colspan="2">煤样名称：</td><td colspan="6"></td></tr>
<tr><td rowspan="4">标准曲线</td><td>铬、镉、铅浓度/(μg/g)</td><td>0</td><td>1</td><td>2</td><td>3</td><td>4</td><td>5</td></tr>
<tr><td>标准液吸光度</td><td></td><td></td><td></td><td></td><td></td><td></td></tr>
<tr><td>标准空白液吸光度</td><td colspan="6"></td></tr>
<tr><td>铬、镉、铅标准曲线方程</td><td colspan="6"></td></tr>
<tr><td rowspan="5">煤样</td><td colspan="2">测定次数</td><td>1</td><td>2</td><td>3</td><td>4</td><td>5</td></tr>
<tr><td colspan="2">坩埚编号</td><td></td><td></td><td></td><td></td><td></td></tr>
<tr><td colspan="2">坩埚质量/g</td><td></td><td></td><td></td><td></td><td></td></tr>
<tr><td colspan="2">煤样+坩埚质量/g</td><td></td><td></td><td></td><td></td><td></td></tr>
<tr><td colspan="2">煤样质量 m/g</td><td></td><td></td><td></td><td></td><td></td></tr>
<tr><td colspan="3">样品溶液吸光度</td><td></td><td></td><td></td><td></td><td></td></tr>
<tr><td colspan="3">样品空白溶液吸光度</td><td></td><td></td><td></td><td></td><td></td></tr>
<tr><td colspan="3">标准曲线查得样品液吸光度的铬、镉、铅浓度 ρ_1、ρ_2、ρ_3/(μg/mL)</td><td></td><td></td><td></td><td></td><td></td></tr>
<tr><td colspan="3">空气干燥基煤样中铬、镉、铅含量 $w(Cr_{ad})$、$w(Cd_{ad})$、$w(Pb_{ad})$/(μg/g)</td><td></td><td></td><td></td><td></td><td></td></tr>
<tr><td colspan="3">平均值 $w(\overline{Cr_{ad}})$、$w(\overline{Cd_{ad}})$、$w(\overline{Pb_{ad}})$/(μg/g)</td><td colspan="5"></td></tr>
</table>

（二）结果计算

空气干燥基煤样中铬、镉、铅元素的质量分数按式(14-1)～式(14-3) 计算：

$$w(Cr_{ad})=\frac{200\rho_1}{m} \tag{14-1}$$

$$w(Cd_{ad})=\frac{100\rho_2}{m} \tag{14-2}$$

$$w(Pb_{ad})=\frac{100\rho_3}{m} \tag{14-3}$$

式中 $w(Cr_{ad})$、$w(Cd_{ad})$、$w(Pb_{ad})$——空气干燥基煤样中铬、镉、铅的质量分数，μg/g；

ρ_1、ρ_2、ρ_3——从工作曲线上查得的铬、镉、铅的质量浓度，μg/mL；

m——煤样质量，g。

（三）方法精密度

原子吸收分光光度计法测定煤中铬、镉、铅元素含量精密度如表 14-3 规定。

表 14-3 蒸馏分离-苯芴酮分光光度计法测定煤中锗元素含量精密度

元素	质量分数/(μg/g)	重复性限/(μg/g)
Cr_{ad}	5～50	3
Cd_{ad}	1～20	0.5
Pb_{ad}	10～100	5

七、注意事项

1. 煤样灰化时，马弗炉温度应不超过 520℃，以免由于重金属挥发而导致后续测试中出现误差。

2. 在绘制标准工作曲线时，应尽量保证测量的准确性，以免对比基准出现误差；同时，可根据所得曲线的线性关系，建立曲线数学方程，以便于样品溶液测定后，将结果直接带入方程中。

3. 在灰样分解处理过程中，应尽量在通风橱或通风良好的条件下进行，同时操作员应配有响应的保护措施，以免 HF 蒸发到空气中后与人体皮肤接触。

八、思考题

1. 在灰样分解过程中，为什么要加入高氯酸？作用是什么？

2. 在铬待测样品溶液制备和铬标准溶液制备中，为什么要加入硫酸钠？反应所涉及的主要方程式有哪些？

3. 在原子吸收分光光度计法测定铬、镉、铅样品溶液浓度时，若待测液浓度超过检测线，会导致数据如何变化？

实验十五 煤中汞元素含量的测定

一、实验背景

汞，化学符号是 Hg（mercury），俗称水银，在化学元素周期表中位于第六周期ⅡB族，是一种在常温常压下唯一以液态存在的金属［从严格意义上讲，镓和铯在室温（29.76℃和 28.44℃）下也呈液态］，熔点：－38.9℃，沸点：356.6℃。常温下即可蒸发，汞蒸发和汞的化合物多有剧毒。因此，各国环境保护部门对环境中汞的浓度都有严格限制。自然界中绝大部分矿区的煤炭都含有汞，并且由于世界经济对煤炭的依赖，使得研究煤炭中汞含量成为人们最关注的微量元素之一。我国大部分煤中的汞含量在 0.01～1.00mg/kg，部分高汞煤中汞含量可达 6mg/kg 以上，世界最高汞煤中汞含量高达 2000mg/kg（采自尼基多夫斯克）。我国煤中平均汞含量接近 0.15mg/kg。

汞能够溶于硝酸和热浓硫酸，分别生成硝酸汞和硫酸汞，汞过量则出现亚汞盐。汞能溶解许多金属，形成合金，汞合金又叫做汞齐。化合价为＋1 和＋2。与银类似，汞也可以与空气中的硫化氢反应。汞具有恒定的体积膨胀系数，其金属活跃性低于锌和镉，且不能从酸溶液中置换出氢。一般汞化合物的化合价是＋1 或＋2，＋4 价的汞化合物只有四氟化汞，而＋3 价的汞化合物不存在。

汞是常温常压下唯一以液态存在的银白色闪亮的重质液体，化学性质相对稳定。在元素周期表上位于第 6 周期、第ⅡB 族。汞一般以无机汞和有机汞两种形式存在，其中无机汞易于与蛋白分子中的巯基（—SH）结合，形成毒性物；而有机汞中的甲基汞进入机体后易于与巯基结合生成稳定的且可导致中枢神经中毒的巯基汞或烷基汞，然而烯丙汞、醋酸汞等则由于易于被机体分解排出。

我国的技术、经济和能源结构使得我国在现在和今后的一段时间内都将是世界最主要的煤炭生产消费和储产品的加工生产国。因此，测定和调查煤中汞含量对我国环境保护、充分利用煤炭资源、提高伴生矿物质利用率具有重要的意义。

二、实验目的

1. 掌握冷原子吸收分光光度法和基于原子荧光吸光度测定为原理的测汞仪法（以下简称测汞仪法）测定煤中汞元素含量的原理和方法。

2. 掌握测定过程中各步骤的作用、目的和意义。

3. 掌握冷原子吸收分光光度法和测汞仪法所需设备的搭建、结果计算，并能独立进行汞含量的测定。

三、实验原理

本实验方法系根据 GB/T 16659—2008 制定。本实验根据 GB/T 16659—2008 介绍了冷原子吸收分光光度法和测汞仪法测定煤中汞元素的含量。

本实验适用于褐煤、烟煤、无烟煤。

（一）冷原子吸收分光光度法

称取一定粒度的空干基煤样 0.1g 于汞蒸气发生器中，加入五氧化二钒和硝酸，过夜后加入硫酸并加热至 120℃，1.5h 后再逐渐加热至刚冒三氧化硫烟雾。自然冷却至室温，加入水、过氧化氢然后煮沸（过氧化氢加入量为使溶液由棕红色变为蓝色），冷却至室温。准确称取汞标准工作溶液，加入重铬酸钾、无水乙醇、氯化亚锡，摇匀，通过冷原子吸收分光光度计测定最大吸收值，并建立工作曲线（吸收值为纵坐标，汞含量为横坐标）。将汞标准工作溶液换为煤样处理液，按前述步骤测定最大吸收值。

此过程中发生的主要化学反应方程式为：

1. 煤样的消化反应

$$\text{煤}+HNO_3+H_2SO_4 \xrightarrow[160℃]{V_2O_5} CO_2\uparrow+H_2O\uparrow+SO_x\uparrow+NO_x\uparrow+HgSO_4+HgNO_3+\cdots\cdots$$

2. 还原反应

$$KMnO_4+H_2O_2+H_2SO_4 \longrightarrow K_2SO_4+MnSO_4+O_2\uparrow+H_2O$$

$$Hg^{2+}+Sn^{2+} \longrightarrow Hg+Sn^{4+}$$

（二）测汞仪法

开启测汞仪，将汞蒸气发生器和流量计接入测汞仪气路，调节空气流速为 800mL/min，并调节测汞仪零点。将煤样以五氧化二钒为催化剂，加入硝酸和硫酸分解煤样，将煤中汞转化为二价汞离子，再将汞离子还原为汞原子蒸气。准确称取汞标准工作溶液，加入重铬酸钾、无水乙醇、氯化亚锡，摇匀，通过冷原子吸收分光光度计测定最大吸收值，并建立工作曲线（吸收值为纵坐标，汞含量为横坐标）。将汞标准工作溶液换为煤样处理液，按前述步骤测定最大吸收值。

过程中涉及的主要化学反应方程式如（一）所示。

四、实验设备及试剂

（一）冷原子吸收分光光度法

1. 试剂和材料

① 蒸馏水：符合 GB/T 6682 规定。

② 硝酸：优级纯，相对密度 1.42。

③ 硫酸：优级纯，相对密度 1.84。

④ 盐酸：优级纯，相对密度 1.19。

⑤ 高锰酸钾。

⑥ 过氧化氢。

⑦ 五氧化二钒。

⑧ 无水乙醇。

⑨ 无水氯化钙。

⑩ 硝酸溶液：体积比 1+1。

⑪ 氯化亚锡溶液：0.2g/mL。称取 20g 氯化亚锡（GB/T 642）于 150mL 烧杯中，

加入 10mL 盐酸溶解后，用水稀释至 100mL，摇匀。

⑫ 重铬酸钾溶液：0.05g/mL。称取 5g 优级纯重铬酸钾（GB/T 642）于 150mL 烧杯中，加入少量水溶液后，用水稀释至 100mL，摇匀。

⑬ 固定溶液：0.5g/L。吸取 10mL 重铬酸钾溶液于 1L 容量瓶中，加入适量水，再加入 50mL 硝酸，用水稀释至 1L，摇匀。

⑭ 汞标准储备溶液：100μg/mL。准确称取（0.1354±0.0002)g 已在干燥器中充分干燥的优级纯二氧化汞于 100mL 烧杯中，用固定溶液溶解后，移入 1L 容量瓶中，再用固定溶液稀释至刻度，摇匀。

⑮ 汞标准中间溶液：1μg/mL。准确吸取 5mL 汞标准储备溶液于 500mL 容量瓶中，用固定溶液稀释至刻度，摇匀。

⑯ 高锰酸钾-硫酸溶液：0.01g/mL。称取 1g 高锰酸钾于 150mL 烧杯中，加水约 60mL 使之溶解，在不断搅拌下缓慢加入 10mL 硫酸，溶液冷却后用水稀释至 100mL。

2. 仪器设备

① 分析天平：感量 0.1mg。

② 冷原子吸收分光光度计或与冷蒸气汞分析系统组成封闭式循环系统或开放式单向系统的原子吸收分光光度计。

③ 电热板：带调温装置。

④ 汞蒸气发生器：带刻度的 50mL 锥形瓶，带有配合紧密的塞，塞上有进、出气管，进气管末端距瓶底 5～10mm。

（二）测汞仪法

1. 试剂和材料。所用试剂和材料如四（一）1 所示。

2. 仪器设备。测汞仪：灵敏度不低于 0.1μg/L。

五、实验步骤及方法

（一）冷原子吸收分光光度法

1. 仪器调节。将吸收池安装在原子吸收分光光度计光路中，参考图 15-1 连接气路。加 30mL 水于汞蒸气发生瓶中，塞上瓶塞，将出气管与 U 形干燥管连接。开启真空泵，将抽气量调节至 800mL/min 左右，关闭真空泵。

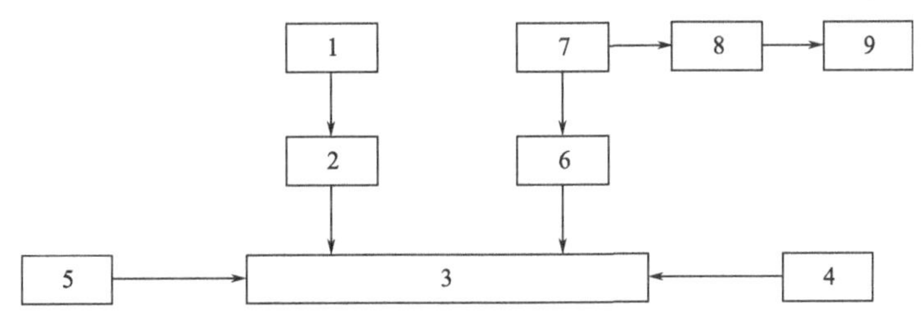

图 15-1　气路连接方框示意图

1—汞蒸气发生器；2—U 形干燥管（内装氯化钙）；3—吸收池；4—汞元素空心阴极灯；5—原子吸收分光光度计检测器；6—流量计；7—余汞吸收瓶（内装约 15mL 硫酸-高锰酸钾吸收液）；8—气体缓冲瓶；9—真空泵

2. 煤样处理

(1) 称取粒度小于0.2mm的空气干燥基煤样约0.1g，称准至0.0002g，于汞蒸气发生瓶中。

(2) 加入50mg五氧化二钒、数滴无水乙醇使煤样润湿，再加入10mL硝酸，立即用瓷盖盖上汞蒸气发生瓶，放置过夜后加入4mL硫酸并置于电热板上，先在约120℃温度下加热约1.5h；然后逐渐升高温度至160℃左右继续加热至刚冒三氧化硫烟雾。如发现有黑色颗粒，说明煤样尚未分解完全，可补加3～5mL硝酸，再继续加热至刚冒三氧化硫烟雾。取下汞蒸气发生瓶，冷却。加入20mL水、2mL过氧化氢，放置5min，置于电热板上加热煮沸，此时溶液应呈蓝色，若溶液为棕红色须补加过氧化氢再煮沸，取下汞蒸气发生瓶，冷却。

3. 测定

(1) 测定条件

① 测定应在温度高于10℃的室内进行。

② 测定用过的玻璃器皿应用硝酸溶液浸泡24h，然后用水洗净。

(2) 工作曲线绘制

① 分别准确移取0.00mL、0.25mL、0.50mL、1.00mL和1.50mL汞标准工作溶液于5个汞蒸气发生瓶中，滴加重铬酸钾溶液至溶液呈黄色，加2mL无水乙醇，用水将溶液体积调至30mL，加入1mL氯化亚锡，立即塞上瓶塞，摇匀，放置片刻后将汞蒸气发生瓶接入冷原子吸收分光光度计中，测定并记录最大吸收值。

② 以标准溶液的吸收值为纵坐标、其相应的汞质量为横坐标绘制工作曲线。每批测定均应同时绘制工作曲线。

(3) 煤样测定。用所述的煤样处理液，除不加标准汞溶液外其他按所述步骤测定并记录最大吸收值。从工作曲线上查得汞的质量。

(4) 空白实验。每测一批煤样，按上述制备两个空白溶液（不加煤样）。按上述步骤测定空白溶液中的汞含量，以其平均值作为空白值。

（二）测汞仪法

1. 仪器调节。开启测汞仪，预热1～2h。加30mL水于汞蒸气发生器中，塞上瓶塞。将汞蒸气发生器和流量计接入测汞仪气路。开启泵开关，调节空气流速至800mL/min左右。调节测汞仪零点等参数。

2. 煤样处理。按之前所述的步骤处理煤样。

3. 测定

(1) 测定条件同之前所述。

(2) 工作曲线绘制

① 按上述工作曲线绘制的要求在汞蒸气发生瓶中准备好标准系列溶液，摇匀，放置片刻后将汞蒸气发生瓶接入测汞仪。测定并记录最大吸收值。

② 以标准溶液的吸收值为纵坐标，其相应的汞的质量为横坐标绘制工作曲线。每批测定均应同时绘制工作曲线。

(3) 煤样测定。用之前处理所得煤样处理液，除不加汞标准溶液外其他按之前所述步骤测定并记录最大吸收值。从工作曲线上查得汞的质量。

（4）空白实验。空白实验同上所述。

六、实验数据

（一）实验数据记录

1. 冷原子吸收分光光度法

（1）标准工作曲线的绘制。按照上述步骤，以标准溶液的吸收值为纵坐标，其相应的汞质量为横坐标，绘制标准工作曲线。

（2）测试数据记录表。表 15-1 为煤中汞元素含量实验数据记录表。

表 15-1　煤中汞元素含量实验数据记录表

______年______月______日　　　　　操作员：______

煤样名称：						
测定次数		1	2	3	4	5
煤样	坩埚编号					
	坩埚质量/g					
	煤样质量 m/g					
	五氧化二钒质量/g					
	煤样＋坩埚质量＋五氧化二钒质量/g					
测定	测定样品吸收值					
	测定样品对应汞质量 m_1/μg					
	空白样品吸收值					
	空白样品对应汞质量					
	空白样品平均汞质量 m_2/μg					
空气干燥基煤样中汞含量 $w(Hg_{ad})$/(μg/g)						
平均值 $w(\overline{Hg_{ad}})$/(μg/g)						

2. 测汞仪法

（1）标准工作曲线的绘制　按照之前所述步骤，以标准溶液的吸收值为纵坐标，其相应的汞的质量为横坐标，绘制工作曲线。

（2）测试数据记录表同上所述。

（二）结果计算

1. 冷原子吸收分光光度法。空气干燥基煤样中汞元素的质量分数按式(15-1)计算：

$$w(Hg_{ad})=\frac{m_1-m_2}{m} \tag{15-1}$$

式中　$w(Hg_{ad})$——空气干燥基煤样中汞的质量分数，μg/g；

m_1——从工作曲线上查出的汞的质量，μg；

m_2——空白实验测定的汞的质量，μg；

m——空干基煤样质量，g。

2. 测汞仪法同1中所述。

（三）方法精密度

两种测定方法精密度要求相同，要求：两次重复测定结果的绝对差值应不大于0.060μg/g。

七、注意事项

1. 在测试前和测试过程中应避免挥发性外界环境中汞的干扰：测试前，如果实验室有用汞或含汞化合物的实验操作，必须严格做好通风和所用试剂、材料、仪器设备的清洗工作；测试时，应避免同时开展其他用汞或含汞化合物的实验项目，以免由于汞的挥发而导致测试结果出现误差。

2. 实验过程中所用的试剂、材料、仪器设备在使用前应用去离子水洗涤干净，实验操作员在与试剂、材料、仪器设备接触前应该将手用去离子水洗涤干净。

3. 煤样处理时，加入硝酸前，应确保无水乙醇已将煤样全部润湿，以避免加入硝酸后立即产生的气体对操作人员带来危险；加入硝酸后应立即盖上汞蒸气发生装置的盖子。

4. 煤样处理时，加入硫酸后，在加热的过程中应时刻注意加热速率、加热温度、煤样消解状态以及气体生成状况，避免由于升温速率过高而导致加热过程不可控。

5. 煤样处理时，应保证全部煤样被消解，如蒸气发生装置器壁上粘有黑色颗粒，应通过摇晃等操作使之进入消解液中。

6. 煤样处理时，应尽量避免开启蒸气发生器盖子，尤其是在消解液处于高温时，切不可打开盖子。

7. 在绘制标准工作曲线时，应尽量保证测量的准确性，以免对比基准出现误差；同时，可根据所得曲线的线性关系，建立曲线数学方程，以便于样品吸收值测定后，将结果直接带入方程中。

八、思考题

1. 在煤样处理时，为什么选择五氧化二钒作为催化剂？五氧化二钒具有哪些特殊的性能？

2. 煤样处理时，为什么在加入硝酸后要放置过夜？加入硫酸后要首先升温至120℃，并停留一定时间之后再升温至160℃左右？此过程中涉及哪些化学反应方程式？

3. 在煤样处理时，为什么要加入过氧化氢？

4. 在煤样测定时，为什么要加入重铬酸钾、无水乙醇、氯化亚锡这些试剂？它们所起的作用分别是什么？

实验十六　煤中硒元素含量的测定

一、实验背景

硒，化学符号是 Se（selenium），在化学元素周期表中位于第四周期ⅥA 族，是一种非金属。硒是煤的重要伴生非金属矿产。虽然是煤中的痕量元素，但是由于煤在燃烧过程中硒属于挥发冷凝型元素，因此导致燃烧过程中部分或全部挥发的硒，在进入温度较低的环境后会凝结团聚到颗粒细小的飞灰中。最终以细微颗粒或气态形式进入到空气中，并随空气运动而扩散到周围环境中，对周围环境产生系列影响。我国部分煤中的硒含量在 0.01～11.00mg/kg，部分高硒煤中硒含量可达 60mg/kg 以上，平均硒含量约 2mg/kg，世界平均硒含量在 1～2mg/kg。

硒不能与非氧化性的酸作用，但它能够溶解于浓硫酸、硝酸和强碱中。硒经氧化作用得到二氧化硒。溶于水的硒化氢能使许多重金属离子沉淀成为微粒的硒化物，即正硒化物（M_2Se）和酸式硒化物（MHSe）。正的碱金属和碱土金属硒化物的水溶液会使元素硒溶解，生成多硒化物（M_2Se_n），和硫能形成多硫化物的性质相似。

硒是人体必需的微量元素。缺硒或富硒都会影响人体健康。硒在维持心血管系统正常结构和功能上起着重要作用，缺硒是导致心肌病、冠心病、高血压、糖尿病等高发的重要因素。而补硒则有利于减少多种心脑血管疾病的发生、改善患者症状、提高患者对抗疾病的能力。在人体中，肝脏是含硒量最多的器官之一，多数肝病患者体内均存在硒缺乏现象，并且病情愈重，缺硒也愈重。硒被认为是肝病的天敌、抗肝坏死保护因子，国内外多项研究均表明，乙肝迁延不愈与缺硒有很大关系，肝病患者补硒有很好的效果。人体内的硒含量越低，胃部患病的可能性越大，浅表性胃炎患者体内含硒量往往比健康人要低，血液中含硒量低的萎缩性胃炎患者“癌变”的可能性大大增加，多数胃癌病人处于硒缺乏状态。最近的医学研究表明，糖尿病患者体内普遍缺硒，其血液中的硒含量明显低于健康人。补充微量元素硒有利于改善糖尿病病人的各种症状，并可以减少糖尿病病人各种并发症的产生概率。糖尿病患者补硒有利于控制病情，防止病情的加深、加重。

硒除了对人体健康有着重要的作用，同时还对工、农业生产有着重要作用。硒广泛应用于玻璃、陶瓷、染料、橡胶、石油化工、冶金、电镀等工业领域，特别是高科技产业部门，如半导体器材、光电器材、硒太阳能电池、激光器件、激光和红外光导材料等的制造。由于硒的主要生物活性与人类健康及动、植物代谢生长关系密切，硒也广泛应用于医药、保健、生物和农业等部门。

煤炭的使用是我国不可缺少的化石能源，而其中的微量元素硒是充分利用煤炭资源的途径之一。因此，测定和调查煤中硒含量对我国环境保护、充分利用煤炭资源、提高伴生矿物质利用率具有重要的意义。

二、实验目的

1. 掌握氢化物发生原子吸收法测定煤中硒元素含量的原理和方法。

2. 掌握测定过程中各步骤的作用、目的和意义。

3. 掌握氢化物发生原子吸收法所需设备的搭建、结果计算，并能独立进行硒含量的测定。

三、实验原理

本实验方法系根据 GB/T 16415—2008 制定。本实验根据 GB/T 16415—2008 介绍了氢化物发生原子吸收法测定煤中硒元素的含量。

本实验适用于褐煤、烟煤、无烟煤。

称取一定粒度和质量的空干基煤样 1g 放入瓷坩埚中，并与艾士卡试剂混合均匀，再在混合物上均匀覆盖一层艾士卡试剂。在马弗炉中于 800℃灼烧，将残渣捣碎并用盐酸溶解和冲洗残渣于容量瓶中。同上，将只有艾士卡试剂的样品经上述步骤处理后，经定容得到空白溶液。将硒标准工作溶液和空白溶液按定量比混合，然后加入一定量盐酸，在 60～90℃下加热，再冷却定容后得到标准系列溶液，再根据标准系列溶液的方法制备出待测样品溶液。按仪器说明书正确安装和连接好气路后，以标准溶液的测定和曲线绘制同时进行待测样品的检测。

此过程中发生的主要化学反应方程式为：

1. 煤样的消化反应

$$煤+Na_2CO_3+MgO+O_2\xrightarrow[800℃]{空气}Na_2SeO_4+MgSeO_4+CO_2\uparrow+\cdots\cdots$$

2. 还原反应

$$H_2SeO_4+2HCl\longrightarrow H_2SeO_3+Cl_2\uparrow+H_2O$$

四、实验设备及试剂

（一）试剂和材料

1. 艾氏剂：2 份质量的轻质煅烧氧化镁和 1 份质量的无水碳酸钠，研细至粒度小于 0.2mm，混合均匀，保存于密闭的容器中。

2. 盐酸：相对密度 1.18。

3. 硼氢化钠溶液：18g/L，称取 1.8g 硼氢化钠溶于 100mL 5g/L 的氢氧化钠溶液中，用时现配。

4. 硒标准储备溶液：1mg/mL，称取高纯硒 0.1000g 于 100mL 烧杯中，加硝酸 5mL，低温加热溶解后，继续加热驱尽氮氧化物，冷却，移入 100mL 容量瓶中，用水稀释至刻度，摇匀。硒标准储备溶液也可使用市售的有证标准物质。

5. 硒标准中间溶液：10μg/mL，吸取硒标准储备溶液 1mL 于 100mL 容量瓶中，用空白溶液稀释至刻度，摇匀。

6. 硒标准工作溶液：0.2μg/mL，吸取硒标准中间溶液 1mL 于 50mL 容量瓶中，用空白溶液稀释至刻度，摇匀。

7. 氮气：纯度 99.9%以上。

8. 乙炔：高纯乙炔。

（二）仪器设备

1. 分析天平；感量 0.1mg。

2. 瓷坩埚：30mL。内表面瓷釉完好。

3. 马弗炉：可控温在（800±20)℃，通风良好。

4. 原子吸收分光光度计：具有吸收峰面积积分和峰高测量功能。

5. 光源：硒空心阴极灯或硒无极放电灯。

6. 自动氢化物发生器：可自动进行洗涤、量液及加液，精度应达 0.5%。

7. 电热板：能保持温度在 60～90℃。

五、实验步骤及方法

（一）样品溶液的制备

1. 准确称取粒度小于 0.2mm 的空气干燥基煤样 1g（称准至 0.0002g)（当煤样 A_d 大于 40.00%或 $S_{t,d}$ 大于 8.00%，或 Se_d 大于 15μg/g 时，称取 0.5g）放入预先盛有 1.5g 艾士卡试剂的瓷坩埚中，将煤样和艾士卡试剂混合均匀，再用 1.5g 艾士卡试剂均匀覆盖其上。

2. 将坩埚放入冷马弗炉中，缓缓升温至 500℃并在此温度下加热 1h，然后升温到 800℃，在此温度下再加热 3h，取出坩埚，冷却至室温。

3. 将灼烧过的样品捣碎并转移到盛有 20～30mL 热水的 150mL 烧杯中。向坩埚中加入 5mL 盐酸，使坩埚内的残存物溶解后倒入烧杯中。再用 15mL 盐酸分三次（每次 5mL）洗涤坩埚，洗液转移到烧杯中。搅拌溶液，待溶液冷却后，全部移入 100mL 容量瓶中，用水稀释至刻度，摇匀。

（二）空白溶液的制备

1. 称取 15g 艾士卡试剂放入 100mL 蒸发皿中，将之放入冷马弗炉中，慢慢升温到 500℃，在此温度下加热 1h，升高温度至 800℃，继续加热 3h，取出蒸发皿，冷却至室温。

2. 将灼烧过的艾士卡试剂转移到盛有 100～150mL 热水的烧杯中，用 25mL 盐酸溶解皿内残渣，并转移到烧杯中，用水将残渣全部冲入烧杯，再用 75mL 盐酸分三次（每次 25mL）洗涤蒸发皿，将溶液转移到烧杯中。搅拌使艾士卡试剂全部溶解，冷却到室温，转移到 500mL 容量瓶中，用水稀释至刻度，摇匀。移入塑料瓶中储存。

（三）标准系列溶液的制备

1. 取 6 个 100mL 烧杯，分别加入标准工作溶液 0mL、1mL、2mL、3mL、4mL、5mL，空白溶液 10mL、9mL、8mL、7mL、6mL、5mL，混匀。

2. 于上述溶液中各加入 10mL 盐酸，混匀，盖上表面皿，放到电热板上于 60～90℃温度下加热 1h。冷却，转移到 50mL 容量瓶中，用水稀释到刻度。

（四）待测样品溶液的制备

吸取 10mL 样品溶液于 100mL 烧杯中，按所述步骤进行操作。

（五）氢化物发生-原子吸收测定

1. 仪器准备。按仪器说明书将氢化物发生器的原子化器正确安装到原子吸收分光光度计的燃烧器上，使石英管位于燃烧器狭缝的正上方。调节燃烧器的上下、前后和转角的位置，使石英管的轴心与原子吸收分光光度计的主光轴平行并重合。连接好气路。

2. 原子吸收分光光度计工作参数的选择。参数选择如下：

① 吸收峰面积积分或峰高；

② 用空气-乙炔焰加热原子化器；

③ 波长 196.0nm，灯电流及狭缝宽度等参数，根据仪器的具体情况，调到最佳工作状态。

3. 氢化物发生器工作参数的选择。按照仪器说明书合理选定。

4. 测定。按确定的仪器工作条件，分别测定标准系列溶液及待测样品溶液的吸光度。

5. 工作曲线的绘制。以系列标准溶液的硒的量（μg）为横坐标、相应的吸光度为纵坐标，绘制工作曲线。

六、实验数据

（一）实验数据记录

1. 标准工作曲线的绘制。按确定的仪器工作条件，分别测定标准系列溶液，以系列标准溶液的硒的量（μg）为横坐标、相应的吸光度为纵坐标、绘制标准工作曲线。

2. 测试数据记录表。表 16-1 为煤中硒元素含量实验数据记录表。

表 16-1　煤中硒元素含量实验数据记录表

______年______月______日　　　　操作员：______

煤样名称：						
测定次数		1	2	3	4	5
煤样	坩埚编号					
	坩埚质量/g					
	煤样质量 m/g					
	艾士卡试剂/g					
	煤样+坩埚质量+艾士卡试剂/g					
测定	标准系列溶液吸光度					
	标准系列溶液对应硒质量					
	待测样品吸收值					
	待测样品分取体积 V/mL					
	待测样品对应硒质量 m_1/μg					
空气干燥基煤样中硒含量 $w(Se_{ad})$/(μg/g)						
平均值 $w(\overline{Se_{ad}})$/(μg/g)						

（二）结果计算

空气干燥基煤样中硒元素的质量分数（μg/g）按式(16-1）计算：

$$w(Se_{ad})=\frac{m_1\times100}{Vm} \tag{16-1}$$

式中　$w(Se_{ad})$——空气干燥基煤样中硒的质量分数，μg/g；

m_1——从工作曲线上查出的硒的质量，μg；

V——测定时分取溶液的体积，mL；

m——空干基煤样质量，g；

100——样品溶液的总体积，mL。

（三）方法精密度

煤中硒测定结果的重复性限按表 16-2 规定。

表 16-2　煤中硒测定结果的重复性限

质量分数范围/(μg/g)	重复性限/(μg/g)
＜6	1
6～20	2
＞20	10％(相对)

七、注意事项

1. 实验过程中所用的试剂、材料、仪器设备在使用前应用去离子水洗涤干净，实验操作员在与试剂、材料、仪器设备接触前应该将手用去离子水洗涤干净。

2. 煤样溶液制备时，应严格控制升温速率、终点温度及停留时间，以避免相同批次煤样在溶液制备时所产生的误差。

3. 在按仪器说明连接好氢化物发生器和燃烧管后，应首先检查仪器的气密性和各部件处在合适的位置。

八、思考题

1. 在煤样处理时，为什么先缓慢升温到 500℃，恒温 1h 后再升温到 800℃并恒温 3h？直接升温至 800℃后再恒温会带来哪些不利影响？

2. 煤燃烧后得到的灰样有些会不溶于热盐酸溶液中，这些固体残渣的存在是否会影响测定结果？

3. 为什么选用空气-乙炔焰来加热原子化器？其他可燃气体是否可以？氢化物发生器的工作原理是什么？

实验十七 煤中锗含量的测定

一、实验背景

锗，化学符号是Ge（germanium），在化学元素周期表中位于第四周期ⅣA族，锗单质是一种灰白色类金属，有光泽，质硬。锗是煤的重要伴生矿产之一，虽然含量很少，但是由于锗是电子工业中半导体的重要原料，因此在近些年中关于煤中锗的提取、开发和利用引起了相关工业的广泛关注。自然界中所有的煤都含有伴生矿锗，我国大部分煤中的锗含量在0.5～10.0mg/kg，部分高锗煤中锗含量可达200mg/kg以上，世界最高锗煤中锗含量高达6000mg/kg。我国煤中平均锗含量接近4.0mg/kg，世界平均值为5mg/kg。

锗化学性质稳定，常温下不与空气或水蒸气作用，但在600～700℃时，很快生成二氧化锗。它与盐酸、稀硫酸不起作用。浓硫酸在加热时，锗会缓慢溶解。在硝酸、王水中，锗易溶解。碱溶液与锗的作用很弱，但熔融的碱在空气中，能使锗迅速溶解。锗与碳不起作用，所以在石墨坩埚中熔化，不会被碳所污染。

锗单质是一种灰白色类金属，在元素周期表上位于第4周期、第ⅣA族，夹在金属元素和非金属元素之间，因此具有诸多近似于非金属的性质，常被称为“亚金属”。一方面，化学上或毒物学上重要的锗化合物很少。普遍认为锗对动植物的毒害作用可忽略。但是，当动物或人摄取过量金属锗或氧化锗后可致肺部炎性损害；摄取过量四氯化锗可致肝肾损害；锗化氢，包括锗甲烷（GeH_4）、锗乙烷（Ge_2H_6）和锗丙烷（Ge_3H_8）有类似砷化氢、锑化氢的溶血作用。另一方面，近些年来锗在工业、军事、民用等领域的应用不断扩大，使得全球对锗的需求量不断增长。我国是世界锗的主要供应国，据不完全统计，我国供给了世界71%的锗产品，是全球最大的锗生产国和出口国，但产品结构多以初加工产品为主。

我国的技术、经济和能源结构使得我国在现在和今后的一段时间内都将是世界最主要的煤炭生产消费和锗产品的加工生产国。因此，测定和调查煤中锗含量对我国充分利用煤炭资源、提高伴生矿物质利用率、增强在电子行业中的竞争力具有重要的额外意义。

二、实验目的

1. 掌握蒸馏分离-苯芴酮分光光度计和萃取分离-苯芴酮分光光度计法测定煤中锗元素含量的原理和方法。

2. 掌握测定过程中各步骤的作用、目的和意义，并了解基本反应条件和方程式。

3. 掌握蒸馏分离-苯芴酮分光光度计和萃取分离-苯芴酮分光光度计法所需设备的搭建、结果计算，并能独立进行锗含量的测定。

三、实验原理

本实验方法系根据GB/T 8207—2007制定。本实验根据GB/T 8207—2007介绍了蒸馏分离-苯芴酮分光光度计和萃取分离-苯芴酮分光光度计法测定煤中锗元素的含量。其中蒸馏分离-苯芴酮分光光度计法作为仲裁法。

本实验适用于褐煤、烟煤、无烟煤。煤中锗含量使用范围为 1～200μg/g。

(一) 蒸馏分离-苯芴酮分光光度计法

将一定质量煤样至于灰皿中，分别于 (550±10)℃和 (625±10)℃下灼烧一定时间至无黑色炭颗粒为止。将灰样溶解于硝酸、磷酸和氢氟酸的混酸中进行分解，加热至氢氟酸全部挥发，再提高温度至分解成糖浆状为止。在分解产物中倒入一定量的盐酸，并加热使煤中锗以四氯化锗的形式蒸馏出，经冷凝后吸收于水中。在吸收液中加入亚硫酸钠、动物胶、苯芴酮和水，静置一定时间后用以空白溶液为参比，用分光光度计测定样品溶液吸光度，再根据标准曲线查得锗含量。

此过程中发生的主要化学反应方程式为：

1. 煤样的灰化燃烧

$$2GeO + GeS + GeS_2 + 6O_2 \xrightarrow[<625℃]{\text{空气}} 4GeO_2 + 3SO_2$$

2. 灰分的分解

$$GeO_2 + H^+ \xrightarrow[\triangle]{\text{氧化剂(如 }NO_3^- \text{ 和 } PO_4^{3-}\text{ 等)}} H_4GeO_4 + H_2GeO_3 + H_2Ge_2O_5 + \cdots\cdots$$

3. 锗的蒸馏分离

$$Me_4GeO_4 + 8HCl \longrightarrow 4MeCl + GeCl_4\uparrow + 4H_2O$$

$$Me_2GeO_3 + 6HCl \longrightarrow 2MeCl + GeCl_4\uparrow + 3H_2O$$

4. 四氯化锗的吸收

$$GeCl_4\uparrow + 2H_2O \longrightarrow GeO_2 + 4HCl$$

5. 氢化砷的氧化

$$2\text{苯芴酮} + Ge^{4+} \longrightarrow \text{锗-苯芴酮络合物} + 4H^+$$

(二) 萃取分离-苯芴酮分光光度计法

将一定质量煤样至于灰皿中，分别于 (550±10)℃和 (625±10)℃下灼烧一定时间至无黑色炭颗粒为止。将灰样溶解于硝酸、磷酸和氢氟酸的混酸中进行分解，加热至氢氟酸全部挥发，再提高温度至分解成糖浆状为止。吸取分解溶液与四氯化碳、亚硫酸、盐酸的混合溶液中，静置分层后，将萃取液中加入乙酰苯酮、苯芴酮乙醇溶液，静置一定时间后用以空白溶液为参比，用分光光度计测定样品溶液吸光度，再根据标准曲线查得锗含量。

此过程中发生的主要化学反应方程式如（一）所示。

四、实验设备及试剂

(一) 蒸馏分离-苯芴酮分光光度计法

1. 试剂和材料

① 水：去离子水或同等纯度的蒸馏水。

② 硝酸（GB/T 626）：相对密度 1.42。

③ 磷酸（GB/T 1282）：相对密度 1.88。

④ 氢氟酸（GB/T 620）：相对密度 1.15。

⑤ 盐酸（GB/T 622）：相对密度 1.19。

⑥ 硫酸（GB/T 625）：相对密度 1.84。

⑦ 盐酸溶液：约 6mol/L，1 体积的盐酸加 1 体积水，混匀。

⑧ 盐酸溶液：约 7mol/L，580mL 盐酸加 420mL 水，混匀。

⑨ 盐酸溶液：约 0.1mol/L，8mL 盐酸加 992mL 水，混匀。

⑩ 氢氧化钠溶液：0.1mol/L，4g 氢氧化钠（GB/T 622）溶于 1000mL 水中。

⑪ 硼酸（GB/T 628）。

⑫ 乙醇（GB/T 679）：95%以上。

⑬ 亚硫酸钠溶液：12g/100mL，12g 无水亚硫酸钠（HG 3-1078）溶于 100mL 水中。

⑭ 动物胶溶液：10mg/mL。称取 1g 动物胶溶于 100mL、80～90℃的水中并过滤。使用前配制。

⑮ 锗储备标准溶液：100μg/mL。称取光谱纯二氧化锗 0.1441g 于 400mL 烧杯中，加入氢氧化钠溶液 1mL 和水 50mL，加热溶解；加入 0.1mol/L 盐酸溶液 1mL 中和并过量 1mL。溶液转入 1L 容量瓶中，用水洗净烧杯，洗液并入容量瓶中；用水稀释到刻度，摇匀备用。

或称取高纯金属锗 0.1000g 于盛有微氨性水溶液的烧杯中，滴加 6%过氧化氢（HG 3-1082），在水浴上加热，使其慢慢溶解，然后用水洗入铂坩埚中并蒸干；加入 5g 无水碳酸钠（GB/T 1255）于高温下熔融，然后用热水浸出；于浸出液中加入几滴硫酸，煮沸赶尽二氧化碳，冷却后转入 1L 容量瓶中，用水洗净烧杯，洗液并入容量瓶中；用水稀释到刻度，摇匀备用。

注：锗储备标准溶液也可使用市售有证标准物质。

⑯ 锗中间标准溶液：10μg/mL。准确吸取锗储备标准溶液 10mL 至 100mL 容量瓶中，用水稀释至刻度，摇匀备用。

⑰ 锗工作标准溶液：1μg/mL。准确吸取锗中间标准溶液 10mL 至 100mL 容量瓶中，用水稀释至刻度，摇匀备用。

⑱ 苯芴酮乙醇溶液：0.5g/L。称取分析纯苯芴酮（9-苯-2,3,7-三羟基-6-芴酮）0.5g 于 1000mL 烧杯中，加入盐酸 4.3mL 和乙醇 400mL，加热溶解后将溶液转入 1L 容量瓶中，用乙醇冲洗净烧杯，洗液并入容量瓶，冷却后用乙醇稀释到刻度，摇匀备用。

2. 仪器设备

① 分析天平：感量 0.1mg。

② 分光光度计：波长范围 200～1000nm，波长精度±1nm。

③ 马弗炉：能控温到 500～700℃，炉子后壁上部有直径 25～30mm 的烟囱。

④ 电热板：温度可调。

⑤ 锗蒸馏装置：如图 17-1 所示。

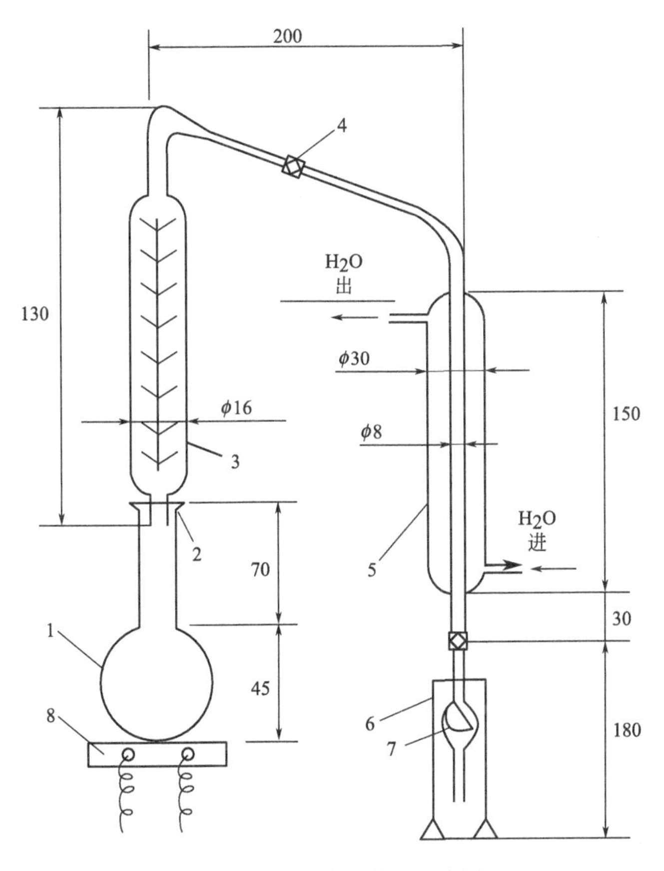

图 17-1　锗的蒸馏装置示意图

1—蒸馏瓶，容量 50m/L；2—直径 14mm 标准磨口；3—分馏柱，人字数量少于 24 个；
4—乳胶管；5—冷凝管，6—接收器，50m/L；7—带弯管缓冲球，弯管下端直径 0.5mm；
8—电炉，炉盘直径 50mm，功率 300W

⑥ 聚四氟乙烯坩埚：容量 30mL。

⑦ 容量瓶：容量 50mL。

⑧ 灰皿：瓷质，底面 45mm×22mm，上口为 55mm×25mm，高为 14mm。

（二）萃取分离-苯芴酮分光光度计法

1. 试剂和材料

① 四氯化碳（GB/T 688）。

② 亚硫酸（HG 3-1083）。

③ 乙酰苯酮。

2. 仪器设备

① 分液漏斗：锥形，容量 50mL。

② 容量瓶：容量 25mL。

③ 干燥小型容器：体积 50mL.

④ 比色管：带盖，容量 25mL，并在 10mL 处有刻度。

五、实验步骤及方法

（一）蒸馏分离-苯芴酮分光光度计法

1. 标准曲线的绘制。分别准确吸取锗工作标准溶液 0mL、1mL、5mL 和 10mL 和锗中间标准溶液 2mL、3mL 和 4mL 于 50mL 容量瓶中，加入盐酸溶液 10mL、亚硫酸钠溶液 2mL、动物胶溶液 3mL；摇匀，再加入苯芴酮乙醇溶液 5mL，用水稀释到刻度，在室温 15～30℃下放置 1h；用 10mm 厚比色皿、在 510nm 波长下，以标准空白溶液为参比，用分光光度计测定标准系列的吸光度。以锗的含量（0μg、1μg、5μg、10μg、30μg、40μg）为横坐标、吸光度为纵坐标绘制锗的标准曲线。

工作曲线的绘制与样品溶液的测定同时进行。

2. 待测样品溶液的制备

（1）煤样的灰化。称取一般分析煤样 1g（称准至 0.002g）于灰皿中，铺平，放入马弗炉中，半开炉门，由室温逐渐升温到（550±10)℃（至少 30min），并在此温度下保持 2h，然后再升温至（625±10)℃，灰化 2h 以上至无黑色炭粒为止。

（2）灰样的处理。将灰样全部转入聚四氟乙烯坩埚中，用少量水将灰样润湿，加入硝酸 1mL、磷酸 2mL、氢氟酸 5～7mL（可根据硅含量多少而增减）。把坩埚放在低温电热板上缓慢加热至无白烟冒出后再适当提高温度，直到分解物呈糖浆状（体积约 2mL）为止。取下坩埚，稍冷后加入 2mL 水，放在电热板上加热至近沸。

3. 样品处理空白溶液的制备。分解一批样品应同时制备一个空白溶液，制备操作除不加灰样外，其余同 5.1.2。

4. 样品测定

（1）锗的蒸馏分离。将灰分分解物倒入蒸馏装置的蒸馏瓶中，用 15mL 盐酸溶液分 3 次冲洗坩埚，每次约 5mL，将洗液全部收集到蒸馏瓶中，加入硼酸 0.2g。按图 17-1 把蒸馏装置连接好。往接收器中加入 10mL 水，并使冷凝管尾端浸入水中。冷凝管通入冷却水，电炉通电加热，以 1.5～2.0mL/min 的速度进行蒸馏。当馏出液达到 10mL 时停止蒸馏。拆开分馏柱和冷凝管连接胶管，用少量水冲洗冷凝管及其尾端，并将洗液和接收器的溶液转移到 50mL 的容量瓶中。

按同样的方法蒸馏样品处理空白溶液。

（2）锗的测定。往上述容量瓶加入亚硫酸钠溶液 2mL、动物胶溶液 3mL，摇匀，加入苯芴酮乙醇溶液 5mL，用水稀释到刻度，摇匀，在室温下放置 1h。用 10mm 厚比色皿，在 510nm 波长下，以样品处理空白溶液为参比，用分光光度计测定样品溶液的吸光度。从标准曲线查得样品溶液中锗的含量（μg）。

（二）萃取分离-苯芴酮分光光度计法

1. 工作曲线的绘制。分别准确吸取 0mL、1mL、2mL、3mL 和 4mL 锗工作标准溶液于装有 10mL 四氯化碳的分液漏斗中，用水补足到 15mL，加入 2 滴亚硫酸、20mL 盐酸震荡 2min。静置分层后，将四氯化碳萃取液放入干燥的 50mL 小型容器中。

准确吸取 5mL 四氯化碳萃取液于 25mL 比色管中，加入乙酰苯酮 0.2mL、苯芴酮乙醇溶液 1mL，用无水乙醇稀释到 10mL。5min 后将显色溶液移入 10mm 厚的比色皿中，在 510nm 波长下、以标准空白溶液为参比、用分光光度计测定标准系列的吸光度。以锗的含量（0μg、1μg、2μg、3μg、4μg）为横坐标、吸光度为纵坐标，绘制锗的工作曲线。

工作曲线的绘制与样品溶液的测定同时进行。

2. 待测样品溶液的制备

① 煤样的灰化。同之前所述。

② 灰样的处理。按之前所述的方法分解煤样，然后往分解物中加蒸馏水 5mL，微热溶解，将溶液转入 25mL 容量瓶中，用水洗净坩埚，洗液并入容量瓶，冷却后用水稀释到刻度。

3. 样品处理空白溶液的制备。除不加煤样外，其他操作与待测样品处理程序相同。

4. 样品测定

（1）锗的萃取分离。准确吸取待测样品溶液和样品空白溶液 5mL（锗含量大于 4μg 时可少取溶液，并用水稀释到 5.0mL）于装有 10mL 四氯化碳的分液漏斗中，加入亚硫酸 5～10 滴、盐酸 20mL，振荡 2min。静置分层后，将四氯化碳萃取液放入干燥的 50mL 小型容器中。

（2）锗的测定。准确吸取 5mL 四氯化碳萃取液于 25mL 比色管中，加入乙酰苯酮 0.2mL、苯芴酮乙醇溶液 1mL，用无水乙醇稀释到 10mL；5min 后将显色溶液移入 10mm 厚的比色皿中，在 510nm 波长下、以样品处理空白溶液为参比、用分光光度计测定样品溶液的吸光度。从工作曲线查得样品溶液中锗的含量（μg）。

六、实验数据

（一）实验数据记录

1. 蒸馏分离-苯芴酮分光光度计法

（1）标准工作曲线的绘制。

（2）测试数据记录表　煤中锗元素含量实验数据记录表如表 17-1 所示。

表 17-1　煤中锗元素含量实验数据记录表

_____年_____月_____日　　　　操作员：_____

煤样名称：								
标准曲线	锗含量/μg	0	1	5	10	20	30	40
	标准液吸光度							
	标准空白液吸光度							
	锗标准曲线方程							
煤样	测定次数			1	2	3	4	5
	坩埚编号							
	坩埚质量/g							
	煤样＋坩埚质量/g							
	煤样质量 m/g							

续表

煤样名称：					
样品溶液吸光度					
样品空白溶液吸光度					
标准曲线查得样品液吸光度的锗含量 m_1/μg					
空气干燥基煤样中锗含量 $w(Ge_{ad})$/(μg/g)					
平均值 $w(\overline{Ge_{ad}})$/(μg/g)					

2. 萃取分离-苯芴酮分光光度计法

① 标准工作曲线的绘制。

② 测试数据记录表如表 17-2 所示。

表 17-2 煤中锗元素含量实验数据记录表

______年______月______日　　　　　操作员：______

煤样名称：						
工作曲线	锗含量/μg	0	1	2	3	4
	工作液吸光度					
	标准空白液吸光度					
	锗工作曲线方程					
煤样	测定次数	1	2	3	4	5
	坩埚编号					
	坩埚质量/g					
	煤样+坩埚质量/g					
	煤样质量 m/g					
样品溶液吸光度						
样品空白溶液吸光度						
工作曲线查得样品液吸光度的锗含量 m_1/μg						
空气干燥基煤样中锗含量 $w(Ge_{ad})$/(μg/g)						
平均值 $w(\overline{Ge_{ad}})$/(μg/g)						

（二）结果计算

1. 蒸馏分离-苯芴酮分光光度计法。空气干燥基煤样中锗元素的质量分数按式(17-1)计算：

$$w(Ge_{ad})=\frac{m_1}{m} \tag{17-1}$$

式中　$w(Ge_{ad})$——空气干燥基煤样中锗的质量分数，μg/g；

m——空干基煤样质量，g；

m_1——从工作曲线上查得的样品溶液中锗的质量，μg。

2. 萃取分离-苯芴酮分光光度计法。空气干燥基煤样中锗元素的质量分数按式(17-2)计算：

$$w(Ge_{ad})=\frac{m_1}{m}\times\frac{25}{V} \qquad (17\text{-}2)$$

式中　$w(Ge_{ad})$——空气干燥基煤样中锗的质量分数，μg/g；

m——空干基煤样质量，g；

m_1——从工作曲线上查得的样品溶液中锗的质量，μg；

V——从 25mL 试样溶液中分取的溶液体积，mL。

(三) 方法精密度

1. 蒸馏分离-苯芴酮分光光度计法。蒸馏分离-苯芴酮分光光度计法测定煤中锗元素含量精密度如表 17-3 规定。

表 17-3　蒸馏分离-苯芴酮分光光度计法测定煤中锗元素含量精密度

锗的质量分数 $w(Ge_{ad})/(\mu g/g)$	重复性限 $w(Ge_{ad})$	再现性临界差 $w(Ge_{ad})$
≤10.0	1μg/g	2μg/g
>10.0	10%(相对)	20%(相对)

2. 萃取分离-苯芴酮分光光度计法。同 1。

七、注意事项

1. 煤样灰化时，当煤中锗含量大于 40μg/g 时，可适当减少称样量，以免由于锗含量过高而导致后续测试中出现误差。

2. 在绘制标准曲线和工作曲线时，应尽量保证测量的准确性，以免对比基准出现误差；同时，可根据所得曲线的线性关系，建立曲线数学方程，以便于样品溶液测定后，将结果直接带入方程中。

3. 在灰样处理过程中，应尽量在通风橱或通风良好的条件下进行，同时操作员应配有响应的保护措施，以免 HF 蒸发到空气中后与人体皮肤接触。

八、思考题

1. 在绘制标准曲线和工作曲线时，加入各种试剂的顺序是否可以更改？为什么？

2. 在锗的蒸馏分离过程中，为什么要加入 0.2g 的硼酸？

3. 蒸馏分离-苯芴酮分光光度计法的标准曲线绘制和锗的萃取分离过程中为什么要加入亚硫酸溶液？其作用方程式是什么？

4. 萃取分离-苯芴酮分光光度计法的标准曲线绘制和锗的测定中为什么要加入亚硫酸钠溶液？其作用方程式是什么？

5. 为什么在蒸馏分离-苯芴酮分光光度计法中是加入亚硫酸钠溶液，而在萃取分离-苯芴酮分光光度计法中则是加入亚硫酸溶液？

参 考 文 献

[1] 李德江，胡为民，李德莹．化工综合实验与实训 [M]. 北京：化学工业出版社，2016.

[2] 贾绍义，柴诚敬．化工传质与分离过程 [M]. 北京：化学工业出版社，2001.

[3] 陈新志，蔡振云，胡望明，钱超．化工热力学 [M]. 第 3 版．北京：化学工业出版社，2009.

[4] 赫文秀，王亚雄．化工原理实验 [M]. 北京：化学工业出版社，2010.

[5] 陈甘棠．化学反应工程 [M]. 第 3 版．北京：化学工业出版社，2011.

[6] 马晶．工业催化原理及应用 [M]. 北京：冶金工业出版社，2013.

[7] 张双全．煤化学实验 [M]. 北京：中国矿业大学出版社，2010.

[8] 王菊，吴现力，杜春华．液液传质系数测定实验的数据处理与拟合 [J]. 化学工程师，2016，09：19-21.

[9] 徐建鸿，骆广生，陈桂光，孙永，王家鼎．液-液微尺度混合体系的传质模型 [J]. 化工学报，2005，56 (3)：435-440.

[10] 王琨，张鹏，冯立，黄亮国，郝静．填料塔内流体轴向返混系数的确定 [J]. 华工科技，2004，12 (6)：10-13.

[11] 陈运文，杨卓如，陈焕钦，袁孝鹑．填料塔内液相轴向返混研究 [J]. 高校化学工程学报，1990，4 (4)：352-358.